Für Vincent, Lilly und Louis

Ute Wilhelmsen   Susanne Wild

Watt für Entdecker

Die spannendsten Tiere im
Weltnaturerbe Wattenmeer

Fotografien
Martin Stock & Dirk Schories

Wachholtz

Alle Rechte der Verbreitung, auch durch Film, Funk und Fernsehen, fotomechanische Wiedergabe, Ton- und Bildträger jeder Art, auszugsweisen Nachdruck oder Einspeicherung und Rückgewinnung in Datenverarbeitungsanlagen aller Art, sind vorbehalten.

ISBN 978-3-529-05351-1
2011 Wachholtz Verlag
Neumünster

Dieses Buch wurde gefördert von der Naturschutzstiftung Wattenmeer

Inhaltsverzeichnis

6   Willkommen zur Entdeckertour

9   Kalle und der Kopf des Seesterns
Ein Kopf. Braucht man den eigentlich? Und wozu? Oder geht es auch ohne? Eine abenteuerliche Reise zu Fischköpfen, Kopffüßern und vielen kopflosen Gestalten

32   Entdecke die Tiere im Weltnaturerbe Wattenmeer
Hier lernt ihr die spannendsten Tiere im Wattenmeer kennen. Wer macht die vielen Häufchen am Wattboden? Und warum? Wer ist die schnellste Schnecke im Watt? Warum sind Krabben eigentlich gar keine Krabben? …

34   Wattwürmer

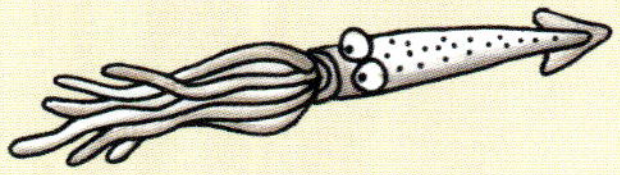

40   Seesterne und Seeigel

46   Krebse

56   Muscheln

70   Schnecken

82   Tintenfische

86   Quallen und Co.

94   Fische und Seehunde

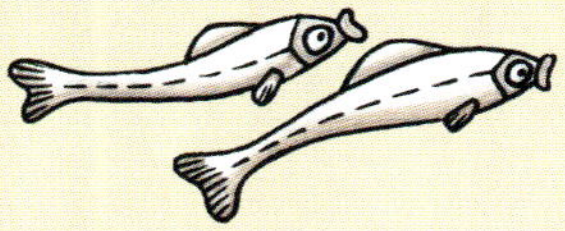

Entdecke die Tiere im Weltnaturerbe Wattenmeer

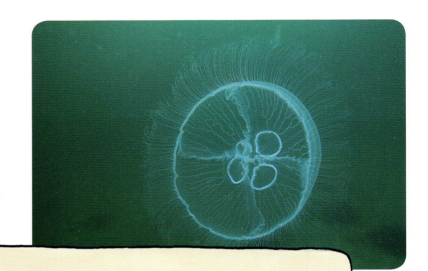

Willkommen zur Entdeckertour! Wie möchtest du reisen?

Wasser- und Leseratten tauchen erstmal ab in ein Abenteuer in der Unterwasserwelt. Folge den Spuren von Kalle und seinem Freund, dem Seestern Asterias. Auf deiner Reise begleiten dich viele Meerestiere und eine spannende Frage: Braucht man eigentlich einen Kopf? Und wozu? Oder geht es auch ohne?

Folge deinem Reisebegleiter, dem Seehasen auf Seite 9. Er zeigt dir auch, auf welchen Seiten du mehr zu den Tieren in der Geschichte erfährst.

Stranddetektive und Wattforscher starten gleich im Watt. Wer macht die vielen Häufchen am Wattboden? Und warum? Wer ist die schnellste Schnecke im Watt? Warum sind Krabben eigentlich gar keine Krabben? Wem gehören die Mini-Surfbretter am Strand? Was hat eine Qualle mit einer Mondrakete zu tun? Warum ist die Scholle platt? Gibt es Fische ohne Gräten? Warum trägt die Wellhornschnecke ihren Kopf auf dem Fuß? Und was macht eigentlich der Seehase zu Ostern?

Folge dem Fragenwurm auf Seite 32 und entdecke die spannendsten Tiere im Weltnaturerbe Wattenmeer.

Weltnaturerbe Wattenmeer

Weltnaturerbe – das ist die höchste Auszeichnung, die ein Naturgebiet erringen kann. Die Goldmedaille bei der Natur-Olympiade, der Siegerpokal bei der Natur-Weltmeisterschaft, der Nobelpreis für Natur. Ein Weltnaturerbe ist eine weltweit einzigartige und unersetzliche Landschaft, die wir für uns und unsere Kinder und Kindeskinder schützen und erhalten wollen. Auch das Wattenmeer an der Nordseeküste ist mit dem begehrten Titel Weltnaturerbe ausgezeichnet worden – als erste großflächige Naturlandschaft in ganz Deutschland.

Das Wattenmeer ist also viel mehr als ein Haufen Klackermatsch mit Würmern drin. Viel Spaß beim Entdecken!

Kalle und der Kopf des Seesterns

Ein Kopf. Braucht man den eigentlich? Und wozu? Oder geht es auch ohne? Eine abenteuerliche Reise zu Fischköpfen, Kopffüßern und vielen kopflosen Gestalten.

Dieser Sonntag im August ist ganz besonders heiß. Kalle liegt schläfrig auf seinem blauweißen Badetuch im Sand. Vor zwei Stunden ist er mit seinen Eltern an den Strand gekommen. Wie jeden Tag im Urlaub am Meer. Kalle kennt das Programm, denn sie kommen in den Ferien oft hierher an die Nordsee. Manchmal trifft Kalle andere Kinder, mit denen er das macht, was Kinder am Strand so machen: Ball spielen, in den Wellen baden oder eine Sandburg bauen. Heute sind keine Kinder am Strand, die er kennt. Nur Kalle und seine Eltern sind da. Sie haben Ball gespielt, in den Wellen gebadet, eine Sandburg gebaut, die mitgebrachten Brote und die hart gekochten Eier gegessen.

Jetzt ist Kalle müde. Die Sonne steht direkt über ihm am Himmel und brennt auf seine Haut. Träge nimmt er ein leeres Schneckenhaus und hält es an sein Ohr. Es ist das schön geschwungene Haus einer Wellhornschnecke, völlig unversehrt und Kalles ganzer Stolz. Er hat es gestern am Strand gefunden. Zwischen zerknitterten Seetangblättern, Muschelstückchen und einem aufgeweichten Schuh lag es im Sand, schimmerte hell wie Vanilleeis und wartete auf ihn.

Das Schneckenhaus fest an sein Ohr gedrückt, lauscht Kalle auf das Rauschen tief im Inneren: das Meer. Jedenfalls klingt es so. Erst dumpf und aus der Ferne, dann wird die Brandung lauter und lauter. Ob die Wellhornschnecke wohl deswegen so heißt, weil Wellen in ihr rauschen? Kalle ist zu schläfrig, um eine Antwort auf diese Frage zu suchen. Ihm fallen die Augen zu.

Plötzlich schreckt er auf. Das laute Brausen und Rauschen ist verstummt. Er setzt sich auf und reibt sich die Augen. Verwundert blickt er um sich. Sein blauweißes Badetuch ist verschwunden, ebenso die Wellhornschnecke. Über dem Sand kräuseln sanfte Wellen und Seegrashalme wiegen sich in der Strömung. Doch ehe er einen klaren Gedanken fassen kann, kreischt ein erbostes Stimmchen neben ihm: „Das ist gegen die Regeln! Er blockiert das Tor. Hat er überhaupt eine Spielergenehmigung?" Kalle traut seinen Augen nicht. Vor ihm steht ein ungemein dünnes, fast durchsichtiges Lanzettfischchen und peitscht wütend mit dem Schwanz auf den Sandboden. „Reg dich nicht auf, Lilli", hört Kalle eine angenehm dunkle Stimme hinter sich sagen, „nach Regel 42 kann sich das Tor im Spielverlauf um einen halben Meter verschieben." Kalle blickt sich um. Hinter ihm steht ein großer Seestern aufrecht auf zwei Armen, die ein dreieckiges Tor bilden. Dann setzt er sich gleichsam Rad schlagend in Bewegung und kommt einen halben Meter weiter seitlich zum Stehen. „Nur zu!", ermuntert er Lilli, die Lanzettfischchendame, die daraufhin ihren Rücken krümmt wie einen Flitzebogen und mit aller Kraft eine kleine, kugelige Schnecke nach vorne schießt. „Tor, Tor!", kreischt sie, als die Schneckenkugel durch die gespreizten Arme des Seesterns fliegt. „Drei Schläge schneller als gestern!"

„Das ist ja Krocket unter Wasser", ruft Kalle und vergisst vor lauter Aufregung sich zu fragen, wie er überhaupt hierher auf den Meeresboden gekommen ist, wieso er im Wasser atmen kann und einen Seestern mit einem Lanzettfischchen reden hört. „Schneckenkugel-Krocket, um genau zu sein", belehrt ihn die dunkle Stimme. „Gestatten, Asterias mein Name, ich bin der dritte Torbogen von links." „Sehr erfreut, ich bin Kalle", erwidert Kalle höflich und reicht dem Seestern die Hand (dabei fällt ihm auf, dass er selbst auf die Größe eines Seesterns geschrumpft ist). „Fein, fein", murmelt Asterias und versucht, Kalle alle seine fünf Arme gleichzeitig zum Händeschütteln hinzuhalten, wobei er sich natürlich heillos verknotet – sehr zur Freude der Schneckenkugel, die nun endlich wieder eine Kugelschnecke sein darf, ihren Kopf aus der Schneckenhaustür

steckt und langsam davonkriecht. Wie sie es hasst, herumgestoßen zu werden!

„Bei mir zuhause spielen wir Krocket auf dem Rasen mit Schlägern aus Holz, bunten Kugeln und Torbögen aus Metall", nimmt Kalle den Gesprächsfaden wieder auf, während er versucht, den Seestern zu entwirren. „Fein, fein", murmelt Asterias wieder, „aber jetzt müssen wir los. Aphrodite wartet nicht gerne." Er winkt Lilli noch einen Gruß zu (zum Glück nur mit einem Arm, sonst hätte Kalle ihn gleich wieder entknoten müssen). Dann wandert er zielstrebig auf eine hohe Sandburg zu, deren Türme in der Ferne blinken. „Komm!" Neugierig und noch etwas verwirrt folgt Kalle diesem Aufruf.

In der Sandburg

Bald stehen sie vor dem mächtigen Tor der Sandburg. Kalle staunt. So eine Burg hat er noch nie zuvor gesehen. Am Strand, da türmen die Kinder feuchten Sand zu einem Haufen, formen einen Wassergraben, eine Burgmauer und ein paar Türmchen, die sie mit Muschelschalen und Vogelfedern verzieren. Aber diese Sandburg ist ganz anders. Feine, weiße und sehr gleichmäßig gerundete Sandkörner sind sorgfältig aufeinander gesetzt wie die Mauersteine in einer Hauswand. Sie bilden eine vollkommen ebenmäßige Halbkugel, aus der drei schlanke Türme in die Höhe ragen. Jeder Turm trägt ein kleines, spitzes Dach aus quadratischen Perlmuttstückchen, die wie Dachziegel aneinander liegen. Fenster gibt es keine, nur ein großes Tor aus Holz, das im Salzwasser fast weiß geworden ist.

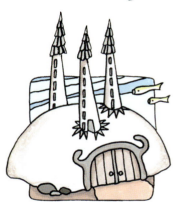

Die Torflügel öffnen sich weit und einladend. Von drinnen erklingt lautes Geklapper und ein vielstimmiger Chor singt: „Hinein, hinein, hier bleibt niemand lang allein." Asterias folgt dieser Aufforderung und schreitet durch das Burgtor. Kalle folgt dem Seestern mit klopfendem Herzen in einen großen Saal. Geblendet von dem strahlenden Glanz im Inneren kneift er schnell die Augen zusammen. Als er sich an die Helligkeit gewöhnt hat, starrt Kalle ungläubig auf die Wände. Dort sitzen dicht gedrängt lauter Austern, die unaufhörlich ihre Schalen auf- und zuklappen, so dass die schimmernden Innenseiten aus Perlmutt blitzen und blinken. Sie sind es auch, deren Geklapper und Gesang Kalle schon von draußen gehört hat.

Plötzlich ertönt ein lauter Knall. Sofort verstummen die Austern an den Wänden. „Ruhe bitte!", Kalle schaut in die Ecke des Saales, aus der die Stimme kommt. Dort steht eine große Strandkrabbe in einer merkwürdigen Uniform aus Seetang, der mit Schneckenpurpur rot gefärbt und mit bunten Blumentieren besetzt ist. In ihrer imposanten Kneifschere hält sie einen Korallenstock, den sie zuvor so heftig auf den Boden geknallt hat, dass die kleinen Korallenpolypen vor Schreck erzittern. Streng blickt die Strandkrabbe mit ihren Stielaugen zum Eingang. Dort wölbt sich der Sandboden langsam in die Höhe und der entstehende Sandhügel wandert in die Mitte des Saales, wo ein großer Thron steht. Auch der ist ganz aus Austern gefertigt, die ihre Schalen jedoch geschlossen halten. Vor dem Thron stoppt der Hügel und ein großer Borstenwurm wühlt sich aus dem Sand an die Oberfläche.

„Aphrodite, die Tochter des Meerkönigs", verkündet die Strandkrabbe, die offenbar eine Art Zeremonienmeister ist. Dann öffnen die Austern am Thron ihre Schalen, in die große, schimmernde Perlen eingebettet sind. Aphrodite schüttelt ihr Borstenkleid, so dass die Sandkörner in alle Richtungen stieben. „Das also macht aus einem borstigen Wurm eine adelige Dame", staunt Kalle, denn das vom Sand befreite Borstenkleid der Aphrodite schillert in allen Regenbogenfarben mit dem Perlenthron um die Wette. Aber er hütet sich, seinen Gedanken auszusprechen, denn die wurmförmige Majestät mit ihren durchdringenden Augen und den kräftigen Kiefern ist doch recht Furcht einflößend. Auch Asterias liegt starr vor Ehrfurcht am Boden. „Sie ist meine Braut, stell dir vor!", wispert er. „Beim großen Schneckenkugel-Krocket-Turnier bin ich als bester Torbogen zu ihrem zukünftigen Ehemann gekürt worden. Auf dem glänzenden Sternenfest nach dem Turnier hat ein Abgesandter des mächtigen Meerkönigs eine schwarze Perle durch meine Arme geschossen, um den Bund zu besiegeln. Jetzt hat man mich hierher bestellt – was soll ich denn jetzt tun?"

Das weiß Kalle auch nicht.

„Man bringe die Kronen", ruft die Zeremonienmeister-Strandkrabbe und knallt abermals mit dem Korallenstock so heftig auf den Boden, dass die Korallenpolypen erzittern. Zwei Austern klappern eilig herbei, jede trägt eine kostbare Perlenkrone auf einem purpurfarbenen Algenkissen vor sich her. Vorsichtig nimmt die Strandkrabbe eine Krone in die Schere, schreitet zum Thron und setzt sie Aphrodite auf den borstigen Kopf. Bewundernde „Aaahs" und „Ooohs" der Wandaustern begleiten die Zeremonie. Dann ergreift die Strandkrabbe die zweite Krone mit den Worten: „Asterias, edler Stern, nun neige auch du dein Haupt, damit ich dich krönen kann. Denn so steht es im Protokoll: Nur ein gekröntes Haupt ist würdig, Aphrodite, die Tochter des Meerkönigs, zur Frau zu nehmen."

Staunend und voll Bewunderung blickt Kalle auf seinen Gefährten, dem diese hohe Ehre zuteil werden soll. Doch der Seestern liegt immer noch

„Willst du wissen, wozu ein Wurm einen Kopf braucht? Schau mal auf Seite 37!"

platt und gar nicht majestätisch im Sand. Im Saal ist es ganz still. Erwartungsvoll blicken alle auf Asterias. Der hebt langsam und zaghaft einen seiner Arme.

„Haupt! Wenn ich Haupt sage, meine ich auch Haupt! Hauptsache, Hauptsatz, Hauptgericht, Haupt! Ich habe mich doch klar ausgedrückt", ungeduldig schnippt die Strandkrabbe mit ihren Scheren und starrt den Seestern an. „Wo hast du bloß deinen Kopf?" Hilflos rudert Asterias mit den Armen, stellt sich auf die Spitzen, reckt sich hoch, dreht sich, so dass es jeder sehen kann: Der Seestern hat keinen Kopf. Kein Seestern hat einen Kopf. Seesterne haben fünf Arme und an denen ist alles dran, was sie zum Leben brauchen – sogar kleine Augen. Seesterne kommen auch ohne Kopf prima klar – außer gerade jetzt. Jetzt würde Asterias alles geben für einen Kopf, auf den die Perlenkrone passt. Hilflos blickt er auf Kalle. Doch der zuckt nur mit den Schultern und schüttelt seinen Kopf.

Der Kopf der Strandkrabbe ist mittlerweile vor Zorn so rot angelaufen, als sei sie in einen Kochtopf gefallen. Die Augen drohen von ihren Stielen zu hüpfen, so böse fixiert das Krebstier den armen Asterias, der vor Scham langsam im Sandboden versinkt. „Geh mir aus den Augen und komm erst wieder, wenn du ein Haupt hast, das ich krönen kann!", befiehlt der Zere-

„Willst du wissen, wie ein Seestern ohne Kopf essen, gucken und geradeaus gehen kann? Schau mal auf Seite 42!"

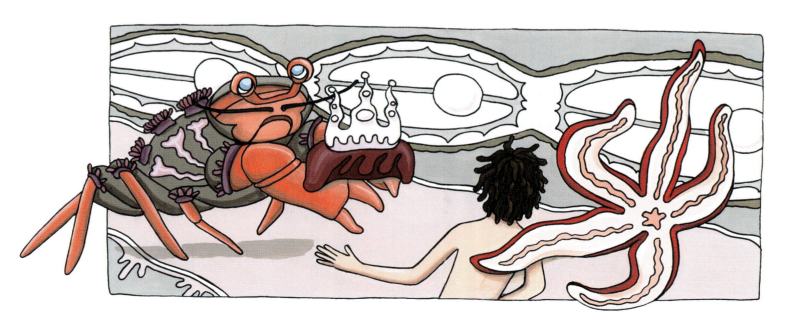

„Willst du wissen, warum die Strandkrabbe nicht nur Stielaugen, sondern auch Beine am Kopf hat? Schau mal auf Seite 48!"

monienmeister und knallt mit dem Korallenstock so heftig auf den Boden, dass die Korallenpolypen fast ohnmächtig werden. „Ein Häuptling ohne Haupt – undenkbar! Köpfe sind klug und mächtig. Köpfe machen ihre Träger zu edlen und gefürchteten Jägern."

Mit diesen Worten eilt die Strandkrabbe hinter einem Einsiedlerkrebs her, der nackt und verloren durch den Saal irrt und ein neues Zuhause sucht, weil ihm sein Schneckenhaus zu klein geworden ist. Doch nun muss er schleunigst vor der Zeremonienmeister-Strandkrabbe fliehen, die hinter ihm herjagt, um ihn ohne Rücksicht auf protokollarische Vorschriften zu verspeisen.

„Hoffentlich schafft er es noch rechtzeitig in ein neues Zuhause", denkt Kalle. Gerne hätte er dem bedrängten Einsiedler sein schönes Wellhornschneckenhaus angeboten. Doch das ist und bleibt verschwunden. Kalle blickt um sich. Es ist dunkel geworden in dem Saal, denn alle Austern an den Wänden haben ihre Schalen geschlossen und verharren ganz still an ihren Plätzen. Auch der Perlenthron ist wieder zugeklappt. Die borstige Aphrodite hat die ganze Szene wortlos mit ihren durchdringenden Augen beobachtet. Jetzt steckt sie ihren Kopf in den Sand und wühlt sich langsam in den Boden, bis nur noch ihre Schwanzspitze zu sehen ist. Eine große dunkle Auster schließt ihre Schalen um die beiden Perlenkronen, so dass auch der letzte Schimmer erlischt.

„Komm, lass uns nach draußen gehen", ermuntert Kalle den noch immer wie erstarrt daliegenden Asterias, packt ihn an einem Arm und zieht den willenlosen Kameraden nach draußen vor das Burgtor. Hell und freundlich ist es hier. Die Sonne scheint durch das glitzernde Wasser bis auf den Grund. Zierliche Algenzweige wiegen sich in der sanften Strömung wie in einem endlosen Tanz.

„Ich habe mir nie Gedanken darüber gemacht, wozu ein Kopf eigentlich gut ist", überlegt Kalle laut, noch ganz erfüllt von den Erlebnissen in der Sandburg. „Wer kopflos ist, fällt nicht kopfüber von Baum und läuft nicht Hals über Kopf davon, wenn Nachbar Moser wieder schimpft, weil wir seine Äpfel klauen. Ohne Kopf riskiert man nicht Kopf und Kragen, macht keinen Köpfer vom Drei-Meter-Brett und spielt auch keinen Kopfball."

„Willst du wissen, warum die Sandklaffmuschel auf einen Kopf verzichtet und wie sie ohne Mund ihre Suppe schlürft? Schau mal auf Seite 59!"

Erst als er merkt, dass der Seestern ihn völlig verständnislos ansieht, schreckt Kalle aus seinen Gedanken auf. „Dummes Zeug", murmelt Asterias grantig, „Köpfe sind völlig überflüssig." „Ganz recht", erwidert eine dumpfe Stimme tief aus dem Boden. Suchend blickt Kalle um sich und entdeckt ein zentimetergroßes Loch im Sand. „Hier unten ist ein Kopf so überflüssig wie ein Kropf", fährt die Stimme aus dem Sandloch fort. „Niemand aus unserem ehrwürdigen Geschlecht hat sich je so ein Anhängsel zugelegt." Jetzt ist es Kalle, der verständnislos dreinschaut, bis Asterias ihm erklärt: „Die alte Sandklaffmuschel. Sie haust schon seit Ewigkeiten da unten, bewegt sich nicht vom Fleck und schlürft den ganzen Tag Algensuppe."

„Willst du wissen, wie die Pilgermuschel kopflos durchs Leben hüpft und trotzdem die Orientierung behält? Schau mal auf Seite 69!"

„Tja, bei so viel Stillstand im Leben muss man wohl in einem fort fressen. Mehr gibt es ja nicht zu tun!", stichelt eine helle Stimme. Kalle entdeckt eine Pilgermuschel, die über ihnen durchs Wasser hüpft und sie mit leuchtend blauen Augen ansieht. Kalle staunt: „Du brauchst wohl auch keinen Kopf." Denn statt zwei blauer Augen, die wie bei ihm rechts und links neben der Nase im Gesicht sitzen, trägt die Pilgermuschel eine ganze Reihe von Augen am Saum ihrer Schalenklappen. „Selbstverständlich nicht", lacht die Pilgermuschel „auch ohne Kopf muss man nicht tumb im Boden hocken wie unsere große Langweilerin da unten, sondern kann aktiv am Leben teilnehmen." Mit diesen Worten hüpft sie hoch empor, indem sie beide Schalenhälften kraftvoll zusammenklappt, dabei Wasser ausstößt und sich wie eine Rakete vom Rückstoß nach oben bugsieren lässt. Dann düst sie davon und die beleidigte Sandklaffmuschel spritzt ihr noch einen Wasserstrahl hinterher, bevor sie sich noch tiefer in ihr Sandloch zurückzieht. „Typisch Pissmuschel", kommentiert der Seestern, „nicht umsonst trägt die Alte diesen Spitznamen!" Erwartungsvoll schaut Kalle auf das Sandloch, doch nichts regt sich mehr.

„Wie sollen wir bei so vielen kopflosen Wesen bloß einen Kopf für dich finden, auf den die Zeremonienmeister-Strandkrabbe die Krone setzen kann?", seufzt er und lässt den Kopf hängen. „Wir müssen nur richtig suchen", erwidert Asterias, der jetzt wieder voller Tatendrang ist, „ohne Kopf kann ich mich in der Sandburg nie mehr blicken lassen." Auch wenn ihm seine Borstenwurmbraut etwas unheimlich ist, träumt der Seestern schon vom luxuriösen Leben eines mächtigen Meeresfürsten, dessen Großtaten in den rauschenden Algenblätterwald eingehen. Dort nämlich schreiben die fleißigen Chronistenkrebse am Königshof alles auf, was die königliche Familie vollbringt. Asterias, der dritte Torbogen von links? Nein, der kommt darin nicht vor. Aber Fürst Asterias, der edle Anführer des siegreichen Sternenheeres – ja, von dem werden noch die Sternenkinder ihren Kindern und Kindeskindern erzählen.

Ganz beschwingt von diesen Träumereien marschiert Asterias auf den vielen kleinen Füßchen unter seinen fünf Armen über den leicht abschüssigen weichen Sandboden. Kalle folgt ihm und genießt den sanften Druck, mit dem die Wasserströmung ihn voran schiebt. Den Strand, seine Eltern und die hart gekochten Eier hat er völlig vergessen. Ihm kommt es vor, als sei er schon ewig hier – zusammen mit seinem Gefährten, dem ungekrönten Seestern.

Die Suche beginnt

„Tsss, ich rieche Menschenfleisch. Da hat es doch mal wieder ein kleiner Racker geschafft, in eines unserer Häuser einzudringen!" Erschrocken blickt Kalle in die Richtung, aus der die zischende Stimme kommt. Hinter einem Stein kriecht langsam eine große Wellhornschnecke hervor und schnüffelt mit hoch erhobener Rüsselnase. „Hast du aber eine lange Nase!", ruft Kalle überrascht, „und dein Kopf sitzt ja direkt auf deinem Fuß, wie

„Willst du wissen, warum die Wellhornschnecke ihren Kopf auf dem Fuß trägt? Schau mal auf Seite 76!"

ulkig." Kalle ist begeistert. Er hat sich gestern schon gefragt, wie wohl die Besitzerin des Schneckenhauses aussieht, das er am Strand gefunden hat. Nun sieht er sie vor sich: Ein großer weißer Kriechfuß schiebt das Wellhornschneckenhaus nach vorne. Auf dem Fuß sitzt ein Kopf mit einer unglaublich langen Nase, die in einem fort hin- und herpendelt. „Tsss", zischt die Wellhornschnecke, „wer hat bloß einen so rotzfrechen Bengel durch die Haustür gelassen?"

„Haustür? Welche Haustür?", fragt Kalle neugierig. „Tsss, dumm ist der Bengel auch noch. Das Schneckenhaus ist die Tür zur Wasserwelt. Du bist auch durch diese Tür hierher gekommen. Das Haus ist die Tür, die Haustür eben!"

„Ach so", erwidert Kalle kleinlaut, denn er ist noch nie von einer Schnecke belehrt worden und eine Haustür kannte er bisher nur als Tür, die in ein Haus führt. Ein Haus als Tür? Das ist ihm neu.

„Und warum hast du so eine lange Nase?" Diese Frage interessiert Kalle nämlich wirklich brennend. So sehr, dass er es in Kauf nimmt, noch einmal von der zischenden Wellhornschneckenstimme belehrt zu werden. „Tsss, damit ich dich besser riechen kann, Dummkopf!", zischt die Schnecke. „Ich und meinesgleichen, wir tragen feine Sinne an unserem Kopf, wittern unsere Opfer und machen reiche Beute. Oh ja, reiche Beute! Nicht so wie dieses kopflose Gesindel." Dabei sieht sie den Seestern verächtlich an.

Doch der entgegnet: „Da, sieh mal: Selbst ein Haufen Glibber macht reiche Beute." Und er deutet mit einem Arm auf eine große Feuerqualle, die über ihnen im Wasser schwebt. In ihren langen, giftstrotzenden Fangfäden zappelt hilflos ein kleiner Hering und wird schwupps in den großen Quallenmund befördert. „Der arme Hering ist mitsamt seinem Kopf von einem kopflosen, wabbeligen Suppenteller verspeist worden!", stellt Asterias triumphierend fest. „Viel ist an einer Qualle nicht dran, aber trotzdem erbeutet sie Fische. Ein Kopf ist dabei völlig überflüssig."

Jetzt mischt sich Kalle in den Zwist zwischen Schnecke und Seestern: „Wir suchen einen Kopf, auf den die Perlenkrone passt, damit Asterias gekrönt werden kann. Weißt du einen Rat?" Doch statt darauf zu antworten, wendet sich die Wellhornschnecke missvergnügt ab und zischt: „Man soll sich nie für jemanden ausgeben, der man nicht ist, tsss." Dann kriecht sie auf ihrer Schleimspur davon.

„Willst du wissen, wie Quallen auch ohne Kopf sogar Fische erbeuten? Schau mal auf Seite 88!"

„Na, wer wird denn auch von einem Weichtier Hilfe erwarten", bemerkt ein Fisch, der gerade vorbeischwimmt. „Wer kein Rückrad hat, der steht weder für sich noch für andere gerade! Wendet euch lieber an mich. Gestatten: Cyclopterus, der Seehase. Meine Freunde nennen mich Cyc."
„Angenehm, Asterias", entgegnet der Seestern erfreut, „Hilfe kann ich wahrlich gebrauchen. Ich suche einen Kopf für die Krone, die mich zu einem mächtigen Meeresfürsten macht." Cyc, der Seehase, zögert und wiegt seinen gedrungenen Kopf hin und her: „Oh, das wird schwierig. Wenn dir überhaupt jemand helfen kann, dann deine Kollegen im warmen Süden. Dort gibt es die mannigfaltigsten Seesterne. Vielleicht ist auch einer mit ei-

„Willst du wissen, was alles in einem Fischkopf steckt? Schau mal auf Seite 98!"

nem Kopf für dich dabei. Allerdings weiß ich nicht, ob ich für eine so lange Reise tauge."

Kalle mustert den Seehasen vom Maul bis zur Schwanzspitze und zweifelt ebenfalls: Der plumpe Fisch sieht wirklich nicht aus wie ein schneller und ausdauernder Schwimmer. An seinem leuchtend orangeroten Bauch sitzt eine Scheibe, mit der er sich an Steinen festsaugen kann, um nicht von der Wasserströmung fortgetrieben zu werden. Wie sie mit einem so bodenständigen Reiseführer bis in die Tropen kommen sollen, ist Kalle ein Rätsel. Doch Asterias ist entschlossen, jede Chance zu nutzen. „Lasst uns gleich aufbrechen", fordert er ungeduldig und hüpft mit einem kräftigen Schlag seiner fünf Arme auf den Rücken des Fisches. Kalle klettert hinterher und hält sich an dem knöchernen Rückenkamm des Seehasen fest. „Nicht gerade ein bequemes Reittier", denkt er, als der sich schaukelnd in Bewegung setzt. Doch nach all den Erlebnissen ist Kalle so müde, dass er nach einer Weile einschläft.

Schwarz wie die Nacht

Als er wieder aufwacht, denkt Kalle, er träumt. Rings um ihn herrscht tiefschwarze Nacht durchzuckt von hellem Blinken und Blitzen, das sonderbare Wesen ausstrahlen. Leuchtkraken und Staatsquallen, die wie ein ganzes Feuerwerk blitzen; Fische mit riesigen Mäulern, scharfen Zähnen und großen Augen, die in der Finsternis lauern. Einige von ihnen tragen am Kopf eine lange Angel mit leuchtendem Köder, nach dem arglose Beutetiere schnappen, um anschließend selbst geschnappt zu werden ...

Keine Frage: Sie sind in der Tiefsee. Cyc, der Seehase, der nichts so sehr schätzt wie den heimatlichen Boden unter seiner Saugscheibe, hat sich mit seinen beiden Reitern aufgemacht in die Tiefe des atlantischen Ozeans, wo die Strömung die Reisenden nach Süden führt. Endlos, so kommt es Kalle jedenfalls vor, gleiten sie schweigend durch das kalte, tintenschwarze Wasser.

Dann endlich treiben sie wieder in etwas höhere Gefilde. Die undurchdringliche Dunkelheit weicht einer Dämmerwelt, in der Kalle schemenhaft große Krebse erkennen kann, die um sie herum einen wirbelnden Tanz aufführen. „Wie Delphine, die einem Schiff folgen", denkt Kalle, „obwohl diese Krebse eigentlich wie riesige Flöhe aussehen." Kalle schmunzelt bei der Vorstellung an einen Flohzirkus, in dem er, Kalle, das Wasserballett der flinken Flohkrebse kommandiert: „Hey da, faules Ungeziefer. In einer Reihe schwimmen und hoch durch den Reifen springen. Schneller, höher, nur nicht nachlassen!" Weltberühmt würde er werden, einen schwarzen Zylinder tragen, dazu weiße Glacéhandschuhe und einen Umhang aus tiefrotem Samt.

Ein Aufschrei reißt ihn aus seinen Träumen. Es ist Cyc, der Seehase. Der zittert plötzlich am ganzen Körper und stemmt seine Flossen verzweifelt gegen die Strömung. Die tanzenden Krebse verschwinden schlagartig hinter ihnen im Dämmerlicht. Vor ihnen taucht ein riesenhafter, bleicher, mit tellergroßen Saugnäpfen bewehrter Arm auf. Er ist so lang, dass er im Nichts verschwindet, ohne seinen Besitzer preiszugeben.

Kalle zittert nun ebenfalls, als hätte er Schüttelfrost, und krallt sich in den Rücken des Seehasen. Obwohl sich Cyc verzweifelt bemüht, rückwärts zu entkommen, treibt ihn die Strömung unaufhaltsam auf das Nichts zu, in dem der unheimliche Besitzer des Riesenarms lauert. Neben dem Riesenarm erscheint ein zweiter und dann noch einer und noch einer. Ein Gewirr aus langen, bleichen, saugnapfbewehrten Monsterarmen, die sich wie schreckliche Schlangen auf sie zu bewegen. Ein stummer Schrei schnürt Kalle die Kehle zu, als er sieht, wie am Ende der Arme ein riesenhafter Kopf aus dem Nichts auftaucht. Augen, so groß wie Fußbälle, fixieren den kleinen Seehasen und seine Reiter. Ein gigantischer Papageienschnabel öffnet sich. Entsetzt schließt Kalle die Augen. Er spürt die Spitze eines Riesenarmes auf seiner Schulter. Gleich werden ihn die

Saugnäpfe unentrinnbar festhalten und der messerscharfe Schnabel wird das Fleisch aus seinem Körper hacken …

Doch nichts geschieht. Der Riesenarm stupst sanft seine Schulter an und eine wohlklingende, tiefe Stimme spricht: „Hab keine Angst! Die Schauermärchen, die ihr Menschen über mich und meinesgleichen erzählt, sind genau solche Hirngespinste, wie die über Feuer speiende Drachen oder das Ungeheuer von Loch Ness. Keiner von uns hat je einen Menschen gefressen. Ich werde dir nichts tun!"

Vorsichtig öffnet Kalle die Augen. Sein riesiges Gegenüber blickt ihn freundlich an. Erst jetzt erkennt Kalle, wen er da vor sich hat: einen Tintenfisch, auch Kopffüßer genannt. Einen unglaublich großen Tintenfisch. Einen überdimensionalen Verwandten jener Exemplare, die er aus dem Aqua-

„Willst du wissen, wieviel Grips ein Kopffüßer hat? Schau mal auf Seite 85!"

rium kennt (und die er scheibchenweise und lecker frittiert mit goldbrauner Kruste auch schon im Restaurant gegessen hat …).

„Ja, ihr Menschen plündert die Meere und verspeist tonnenweise Tintenfische", fährt der sanfte Riese fort, als hätte er Kalles Gedanken erraten. „Wenn ihr so weiter macht, müsst ihr bald Quallen fressen. Dann werden die Ozeane leer sein. Benutzt ihr eure Köpfe wirklich zum Denken, wenn ihr doch blindlings das zerstört, was noch für Generationen nach euch bestimmt ist?"

Darauf weiß Kalle keine Antwort. Er schämt sich (nicht nur wegen der frittierten Tintenfischringe). „Deswegen brauchst du aber den Kopf nicht hängen zu lassen. Du bist ja nicht für die ganze Menschheit verantwortlich, sondern für dich und deine Freunde", ermuntert ihn der Riesentintenfisch, der abermals Kalles Gedanken zu erraten scheint. „Hilf dem Seestern bei seiner Suche und halte dich gut fest!"

Mit diesen Worten schiebt er den Seehasen vorsichtig nach vorne und schnellt dann mit einem gewaltigen Rückstoß davon. Die Wucht des Wassers, das er dabei ausstößt, treibt die drei Reisenden pfeilschnell voran. Kalle und Asterias müssen sich mit aller Kraft festhalten, um nicht von ihrem Reittier geschleudert zu werden. Kalle braust der Kopf, seine Hände tun ihm weh, so fest krallt er sich in die glatte Seehasenhaut. Er weiß nicht, wie lange sie so durch den Ozean jagen, es kommt ihm endlos vor. Doch endlich verlangsamt sich ihre Fahrt. Licht flutet von oben auf Kalle und seine Gefährten herab.

Auf der Spur der Dornenkrone

Sie treiben in seichtes Wasser. Kalle löst langsam seine Hände, streckt seine Arme aus und reckt sich. Er spürt, wie das Wasser seinen Körper wohlig wärmt. „Das müssen die Tropen sein", denkt er, als er unter sich Korallen in den unglaublichsten Farben und Formen erblickt. Dort stehen lange schlanke Korallenstöcke, die wie Vasen oder Orgelpfeifen aufragen,

„Willst du wissen, warum die kopflosen Korallenpolypen keine Blumen sind? Schau mal auf Seite 90!"

andere sind flach wie Tische oder Teller. Es gibt Sterne und Krater; es gibt verzweigte Stöcke, die wie Hirschgeweihe aussehen, andere wie kleine Bäume. Es gibt sogar Korallen, die wie das Gehirn geformt sind, das Kalles Biologielehrer als Modell einmal mit in den Unterricht gebracht hat. Der gesamte Untergrund scheint zu leben. Nirgendwo ist toter Fels. Überall, soweit Kalles Auge reicht, reihen sich dicht an dicht die Kalkhäuser der Korallen. Und alle sind bis in die letzte Kammer bewohnt von den winzigen Korallenpolypen, die ihre Tentakelkränze durch die Fenster ihrer Behausungen strecken. Wie Blumen sehen sie aus.

In den Schluchten, Gängen, Ecken und Winkeln dieser Unterwasser-Großstadt herrscht buntes, geschäftiges Treiben. Neongelbe, tiefblaue, knallrote, gebänderte, gepunktete, gestreifte Fische und zahllose andere Tiere, die Kalle nie zuvor gesehen hat, durchstreifen die Korallenwelt oder haben sich zwischen den Wohnblocks der Polypen häuslich niedergelassen. Da gibt es knallbunte Nacktschnecken mit Fiederkränzen auf dem Rücken, Seeigel mit langen, nadelspitzen Stacheln, denen man besser nicht zu nahe kommt, und Meeresschnecken in kunstvoll geschwungenen Porzellanhäusern. Grell gefärbte Seegurken liegen träge wie Würste am Boden herum, kleine Krabben und flinke langbeinige Garnelen, die aussehen als seien sie aus Glas geblasen, huschen über sie hinweg.

Langsam gleitet Cyc dahin, keiner spricht. Alle drei sind wie erschlagen von dem Ritt aus der dunklen Tiefe in dieses Lichtreich. Doch schon bald werden sie aus ihrem Staunen gerissen. „Was seid ihr denn für eine komische Truppe", kichert eine Stimme vor ihnen. „Hier läuft ja allerlei seltsames Volk rum, aber einen Seestern, der auf einem Fisch reitet und einen dieser Leutchen vom Lande dabei hat – das hab ich noch nie gesehen, hi, hi, hi." Das Gekicher scheint aus den Tentakeln einer großen Seeanemone zu kommen. Als Kalle genauer hinsieht, entdeckt er einen kleinen, leuchtend orangefarbenen Fisch mit drei breiten weißen Streifen und schwarzen Flossensäumen. Kalle freut sich. Den kennt er: Es ist ein Clownfisch, der in seiner Anemone Schutz sucht. „Wir suchen Seesterne", erklärt er eifrig. „Wir suchen einen, der uns dabei helfen kann, Asterias zu krönen." Der Clownfisch hört auf zu kichern und zögert. „Da gibt es nur einen", erklärt er düster, „Acanthaster, die Dornen-

krone! Schwimmt geradeaus und folgt dann der Spur der Verwüstung." Mit diesen Worten verschwindet er im Dickicht der Anemonententakel.

"Na, dann mal los!", ermuntert Asterias seine beiden Gefährten, die nach den Worten des Clownfisches zögern, den wenig verheißungsvollen Weg einzuschlagen. Doch Asterias, ganz beseelt von dem Gedanken an seine bevorstehende Krönung, drängelt so lange, bis der Seehase schließlich losschwimmt.

Nach einer Weile bemerkt Kalle, dass sich die Korallen unter ihnen verändern: Die Großstadt ist plötzlich wie ausgestorben. Bleich und leer reihen sich zerstörte Bauwerke aneinander. Als hätte ein schrecklicher Feind tiefe Wunden in die blühende Landschaft geschlagen. "Das also ist die Spur der

Verwüstung!", raunt Kalle, während der Seehase vorsichtig weiterschwimmt. Dann sehen sie die Dornenkrone. Ein Seestern wie Asterias, aber so groß wie der Reifen an Kalles Fahrrad. An seinen Armen sitzen lange scharfe Dornen, die seinen Feinden tiefe Wunden schlagen, in die giftiger Schleim rinnt.

Die Dornenkrone bemerkt die Ankömmlinge nicht. Sie ist vollauf damit beschäftigt, Korallen zu fressen. Dazu hat sie ihren Magen nach außen gestülpt und verdaut die Korallenpolypen an Ort und Stelle. Kalle ekelt sich. Doch Asterias steigt beherzt vom Rücken des Seehasen hinunter – schließlich verspeist er Miesmuscheln auf die gleiche Weise wie seine Verwandte die Korallen.

„Werte Dornenkrone", beginnt er das Gespräch, „ich bin nur ein unbedeutender Verwandter aus dem Norden. Doch erweist mir die Gunst einer Audienz!" Blitzschnell zieht die Dornenkrone ihren Magen ein und hebt drohend ihre bestachelten Arme. Doch als sie den kleinen, wehrlosen Asterias sieht, lässt sie die Arme wieder sinken und erwidert: „Du wagst es, mich beim Mahl zu stören. Das ist ungebührlich, aber auch mutig. Ich werde dich also anhören. Aber sprich schnell, damit ich mich wieder meiner Verdauung widmen kann." Hastig erzählt Asterias seine Geschichte: von der borstigen Aphrodite, Tochter des mächtigen Meerkönigs, von der bevorstehenden Hochzeit, der missglückten Krönung und von der Zeremonienmeister-Strandkrabbe, die ihm befohlen hat, mit einem Kopf wiederzukommen, auf den die Perlenkrone passt.

„Bah, lass dir nie von einem Dienstboten Befehle erteilen", sagt die Dornenkrone herrisch, als Asterias geendet hat. „Wir Seesterne brauchen keinen Kopf, um eine Krone zu tragen. Sieh mich an: Ich bin die Krone! Niemand hat mir je eine Krone aufgesetzt. Ich bin als Krone geboren. Und alle fürchten und achten mich – Acanthaster, die mächtige Dornenkrone!" Asterias schweigt ehrfürchtig, Kalle und Cyc sind etwas zurückgewichen. „Ab jetzt", fährt die Dornenkrone fort, „reihst du dich in mein Gefolge ein. Denn mir dienen, heißt siegen lernen. Mit harter Hand regieren, allseits gefürchtet als Herrscher über Leben und Tod. Wenn du ausgelernt hast, kehrst du in dein Gewässer zurück, reißt der Zeremonienmeister-Strandkrabbe den Kopf ab und setzt dich neben deine Borstenwurm-Braut auf den Perlenthron!"

Unsicher blickt Asterias um sich. Die Worte der Dornenkrone haben ihm imponiert. Doch die bleichen Ruinen der Korallenstadt um ihn herum lassen den kleinen Seestern zweifeln. Wenn die Macht der Dornenkrone so viel Schrecken und Zerstörung bringt, will er dann wirklich ein mächtiger Meeresfürst werden? Um jeden Preis? Er sucht Kalles Blick. Der schüttelt den Kopf und deutet mit der Hand auf Cycs Rücken. Der Seehase hat sich startklar gemacht. Asterias überlegt nicht mehr. Mit einem einzigen großen Satz seiner fünf Arme springt er auf den Seehasenrücken und der hoppelt (pardon: schwimmt) davon, so schnell er kann.

„Willst du wissen, wie die Dornenkrone ohne Kopf, aber mit viel Appetit ganze Unterwasserstädte beherrscht? Schau mal auf Seite 44!"

Die Heimkehr

Diesmal bleiben sie nahe der Wasseroberfläche, um sich von der nordwärts gerichteten Strömung zurück nach Hause treiben zu lassen. Kalle umarmt den vor ihm sitzenden Seestern und hält ihn die ganze Reise über fest. Schließlich hätte er um ein Haar seinen Gefährten für immer verloren. Doch nun reisen sie ohne weitere Zwischenfälle zurück in die Heimat. Kalle ist so froh und erleichtert, dass er kaum noch still sitzen kann (nur, dass das Wasser hier viel kälter ist als in den Tropen – das findet er doch schade). Dann endlich taucht der Meeresboden wieder unter ihnen auf und Kalle sieht die Türme der Sandburg in der Ferne blinken. „Stopp!", ruft Asterias und hüpft auf den Boden. „Lilli, warte doch!"

Lilli, die Lanzettfischchendame, spielt gerade eine Partie Schneckenkugel-Krocket, als Asterias Rad schlagend auf sie zukommt. „Das ist aber gerade noch rechtzeitig", sagt sie missbilligend. „Fast hätte ich ohne den dritten Torbogen von links mein Spiel beenden müssen." Doch der Seestern steht schon ordnungsgemäß an seinem Platz und bildet mit zwei Armen das gewünschte Tor. „Schön, dass du wieder da bist!", sagt Lilli versöhnlich. „Das finde ich auch!", erwidert Asterias aus vollstem Herzen und schwört sich, die Sandburg nie wieder zu betreten. Er hat seinen Platz gefunden. Und wen kümmert schon, was im rauschenden Algenblätterwald geschrieben steht.

„Willst du wissen, warum das Lanzettfischchen kopflos und trotzdem mit dir verwandt ist? Schau mal auf Seite 106!"

„Neues Spiel, neues Glück!", sagt der Seehase gerührt, während Kalle von seinem Rücken herunterklettert. „Und ich schwimme jetzt endlich wieder heim auf meinen Stein. Auf Wiedersehen, Freunde!" Und er winkt Kalle und Asterias ein Lebewohl mit der Flosse zu. Doch ehe die beiden den Abschiedsgruß erwidern können, holt Lilli weit aus und peitscht mit ihrem Schwanz so heftig auf den Boden, dass eine große Sandwolke durchs Wasser wirbelt. Kalle sieht nicht mehr, wie die Schneckenkugel durch Asterias Arme fliegt. Er sieht nur noch Sandkörner. Sie brausen und sausen um seinen Kopf, bis ihm ganz schwindelig wird.

„Na, weißt du jetzt, wozu ein Kopf gut ist? Und wozu dein Kopf gut ist? Schau mal auf Seite 107!"

Dann ist der Wirbel vorbei. Kalle atmet auf und will endlich dem Seehasen Lebewohl sagen. Doch als er um sich blickt, sieht er ein blauweißes Badetuch im Sand, das leere Haus einer Wellhornschnecke und seine Mutter, die ihn freundlich anlächelt. „Du hast aber lange geschlafen", sagt sie. Kalle sagt nichts. „Wenn du wüsstest", denkt er und grinst in sich hinein, „du hast zwar einen Kopf, aber was weißt du schon …" Vorsichtig dreht er das Wellhornschneckenhaus in seinen Händen.

Entdecke die Tiere im Weltnaturerbe Wattenmeer

Stranddetektive und Wattforscher aufgepasst: Hier lernt ihr die spannendsten Tiere im Wattenmeer kennen. Wer macht die vielen Häufchen am Wattboden? Und warum? Wer ist die schnellste Schnecke im Watt? Warum sind Krabben eigentlich gar keine Krabben? Wem gehören die Mini-Surfbretter am Strand?

Was hat eine Qualle mit einer Mondrakete zu tun?

Warum ist die Scholle platt? Gibt es Fische ohne Gräten? Warum trägt die Wellhornschnecke ihren Kopf auf dem Fuß? Und was macht eigentlich der Seehase zu Ostern? Alle Antworten findet ihr auf den folgenden Seiten.

Was hat der Wattwurm mit dem Regenwurm zu tun?

Der Wattwurm sieht aus wie ein zu fett geratener Regenwurm – und er benimmt sich auch so: Kiloweise Sand schluckt er pro Jahr, belüftet und lockert den Wattboden, so wie der Regenwurm die Gartenerde.

Beide Würmer sind daher äußerst nützlich und sorgen wie gute Gärtner für beste Bodenqualität.

Beide gehören zu den Ringelwürmern. Ihr Körper besteht aus lauter „Ringeln", die alle ähnlich aufgebaut sind. Das ist praktisch, wenn zum Beispiel ein hungriger Vogel den Wurm am hinteren Ende erwischt und ein Stück davon abbeißt. Dann hat der Wurm zwar ein paar Ringel weniger, aber noch genug davon, um fröhlich weiterleben zu können.

Wer macht die vielen Häufchen am Wattboden?

Als echter Wattforscher kennst du natürlich die Antwort: der Wattwurm, na klar. Nichts ist so typisch für das Watt wie der Wattwurm und seine Sandkringel. Doch warum macht der Wurm die Kringel? Immer wieder neue, denn bei Flut werden alle Kringel weggewaschen.

Die Sandkringel sind die Reste seiner Mahlzeiten.

Der Wattwurm frisst Sand und sucht sich alles Nahrhafte heraus. Den Rest, also die Sandkörner, stößt er wieder aus und produziert auf diese Weise einen Sandkringel am Wattboden. Zu jedem Kringel gehört auch ein rundes Loch. Ein Einsturztrichter, der entsteht, wenn der Wurm frisst und dadurch Sand in die Tiefe rutscht.

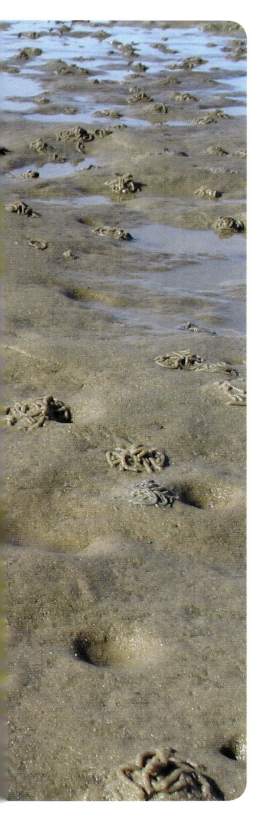

Was ist Watt?
Watt ist der Teil des Meeresbodens, der bei Ebbe trocken fällt.

Bei Niedrigwasser kannst du im Watt wandern, ohne nass zu werden.

Bei Flut kommt die Nordsee zurück und verschluckt den Wattboden wieder. Zweimal täglich wechseln Ebbe und Flut sich ab. Wann das ist, verrät dir der Gezeitenkalender.

Der Wattwurm versteckt sich meist im Boden.

Seeringelwurm

Warum ist im Watt der Wurm drin?

Wurm und Watt passen einfach gut zusammen. Denn die Form eines Wurmes eignet sich ideal dazu im weichen Boden herumzugraben und der Wattboden bietet reichlich Nahrung und Schutz zugleich. Im Watt ist daher nicht nur der Wattwurm drin.

Ganz verschiedene Würmer bevölkern den Wattboden und keineswegs alle sehen so aus wie ein Regenwurm.

Der Seeringelwurm beispielsweise ist schön gefärbt und hat an den Seiten viele Stummelfüßchen.

Ganz und gar ungewöhnliche Würmer gibt es in der Tiefsee: Die meterlangen, leuchtend roten Riesenbartwürmer leben an heißen Tiefseequellen. Sie wurden erst in den 1970er Jahren von Tauchbooten entdeckt. Diese Würmer haben keinen Mund und können nicht wie andere Tiere fressen. Doch sie beherbergen massenweise besondere Bakterien in ihrem Körper, die ausreichend Nahrung produzieren und an die Riesenbartwürmer abgeben.

Gibt es Wattwürmer nur im Watt?

Der Wattwurm schert sich nicht um seinen Namen, sondern siedelt auch dort, wo es gar kein Watt gibt.

Beispielsweise in der Ostsee. Dort sind Ebbe und Flut so schwach, dass kaum Meeresboden trocken fällt und wieder überflutet wird. Den Wattwurm stört das nicht: Er siedelt stattdessen auf Sandboden im flachen Ostseewasser. Denn wie die meisten anderen Wattbewohner ist auch er ein Meerestier. Er kommt zwar klar, wenn das Wasser bei jeder Ebbe verschwindet, aber er braucht den Gezeitenwechsel auch nicht zum (Über)leben.

An seinem Kopf trägt der Seeringelwurm Augen, Taster, Antennen und eine Art Rüssel, den er ausstülpen kann.

An dem ausgestülpten Rüssel des Seeringelwurms sitzen zwei kräftige Kiefer mit kleinen Zähnchen, mit denen der Wurm seine Beute ergreift und verschlingt.

Wozu braucht ein Wurm einen Kopf?

Eines hat Aphrodite, die Wurm-Prinzessin von Seite 13, mit uns gemeinsam: Sie hat einen Kopf. Genauso wie du. Und genauso wie viele andere Würmer, beispielsweise der Regenwurm. Der Kopf sitzt vorn am Wurm und ist … Was eigentlich?

Ein Kopf ist eine Anhäufung von Sinnen und Nerven. Bei uns führt das zu Augen, Ohren, Nase, Mund und einem großen Gehirn.

Beim Wurm ist alles einfacher, aber auch er kann sehen, schmecken, fühlen, oben und unten unterscheiden. Auch im Wurmkopf ballen sich Nerven zu einem kleinen Gehirn zusammen.
Und was nützt so ein Kopf? Wenn sich Aphrodite hungrig durch den Meeresgrund wühlt, dann kriecht sie vorwärts. Also will sie wissen, was vor ihr geschieht. Sie will wissen, wohin sie kriecht und ob sie auf ihrem Weg einen Happen Essen ergattern kann. Daher versammelt sie ihre Sinne in Kriechrichtung vorne – in einem Kopf. Ein Gehirn braucht sie dort ebenfalls: als Schaltzentrale, die alle Sinneseindrücke aufnimmt und die Reaktionen darauf steuert. Damit sie schnell zubeißen kann, wenn sie etwas Essbares aufgespürt hat.
Dazu also braucht ein Wurm einen Kopf. Du übrigens auch: Du siehst und riechst eine krosse Bratwurst auf dem Grill, gehst hin, nimmst sie dir – Vorsicht heiß! – und schiebst ein Stück davon in den Mund. Das Grundprinzip ist das gleiche – beim Mensch und beim Wurm.

Fällt Licht auf die Seitenborsten der Seemaus, schimmern diese in allen Regenbogenfarben.

Der Bäumchenröhrenwurm baut kleine Bäume aus Sand.

Frisst eine Seemaus gern Käse?

Die borstige Prinzessin Aphrodite von Seite 13 gehört zu den auffälligsten Würmern, die das Wattenmeer zu bieten hat. Ihre langen Seitenborsten schillern in allen Regenbogenfarben. Daher haben die Fachleute sie nach der schönen Göttin Aphrodite aus der griechischen Sagenwelt „Aphrodite aculeata" genannt.

Auf Deutsch heißt der Wurm schlicht Seemaus und hat – mit etwas Fantasie – eine gewisse Ähnlichkeit mit einer Maus: rundlich, etwa mausgroß mit einem dichten grauen Borstenfilz am Rücken.

Die Seemaus kriecht verborgen durch Sand und Schlick und frisst,

was ihr zwischen die kräftigen Kiefer gerät – allerdings keinen Käse, denn der liegt am Meeresboden nur selten herum.

Auch der Köcherwurm baut sich eine Wohnröhre aus Sand.

Warum bauen manche Würmer Bäume?

Bäume im Watt? Auch da steckt ein Wurm drin, genauer: der Bäumchenröhrenwurm. Der baut nämlich Wohnröhren, die wie Bäume aussehen. Allerdings sind diese Bäume nur wenige Zentimeter hoch und nicht aus Holz, sondern aus Sandkörnern und Muschelschill. Diese Bausteine beschmiert der Bäumchenröhrenwurm mit Kitt aus einer besonderen Drüse, bevor er sie zu einem Baumstamm – seiner Wohnröhre – zusammensetzt.

Doch wozu baut der Wurm auch noch eine Baumkrone? Auf die Äste stützt er seine vielen langen und klebrigen Fangfäden, mit denen er Baumaterial und Nahrungsteilchen einfängt.

Er nutzt die Baumkrone also als Fangnetz.

Dort, wo viele Bäumchenröhrenwürmer siedeln, entstehen richtige kleine Wälder auf dem Wattboden. Bei einer Wattwanderung kannst du sie finden.

SEESTERNE

Warum liegen am Strand manchmal Sterne herum?

Sterne kannst du sehen, wenn du an einem wolkenlosen Abend nach oben in den Himmel schaust. Aber Sterne findest du auch am Strand. Vor allem nach einem Sturm, wenn die aufgewühlte Nordsee die Sterne des Meeres an die Küste gespült hat. Seesterne leben am Meeresgrund und sind so anders als wir, dass sie auch vom Mars kommen könnten.

Sie haben fünf Arme, keine Beine, dafür aber Hunderte von Füßen, die sie auch als Hände benutzen.

Diese Füße sitzen an wassergefüllten Schläuchen, die den ganzen Körper durchziehen. Muskeln pressen Wasser hinein, so dass die Füßchen ganz prall werden und den Seestern über den Boden tragen können. Saugnäpfe an der Unterseite sorgen für festen Halt – nur wenn die Strömung zu stark wird, reißt sie die Sterne mit sich und wirft sie an den Strand.

Warum erstarren Seesterne vor Schreck?

Wenn du einen Seestern in die Hand nimmst, erstarrt der förmlich vor Schreck.

Bei Gefahr ziehen die Seesterne blitzschnell alle Muskeln zwischen den vielen kleinen Skelettplättchen in ihrer Haut zusammen.

Sofort wird der biegsame Körper ganz hart und steif. Wenn du den Seestern ins Wasser zurücksetzt, wird er sich wahrscheinlich schleunigst davonmachen. Dazu pumpt er Wasser in seine Füßchen und schreitet von dannen.

Wie krönt man einen Seestern?

Asterias, der Seestern von Seite 15, hat ein Problem: Er soll eine Königskrone tragen. Aber wie? Er hat keinen Kopf, auf den die Krone passt. Kein Seestern hatte jemals einen Kopf. Trotzdem leben Seesterne schon seit Millionen Jahren im Meer.
Sie schlagen sich äußerst erfolgreich durchs Leben und haben einen Vorteil:

Sie verlieren nie den Kopf. Sie verlieren höchstens ein paar Arme.

Wenn ihnen die abgerissen oder abgebissen werden, bilden sie einfach neue! Wer seinen Kopf verliert, hat diese Möglichkeit nicht.
Nur krönen kann man die kopflosen Seesterne nicht.

Der Seestern kriecht auf eine Muschel, um sie auszufressen.

Wie kann ein Seestern ohne Kopf essen, gucken und geradeaus gehen?

Auch ohne Kopf kann Asterias, der ungekrönte Seestern von Seite 15, fressen. Er hat einen Mund, der auf der Unterseite seines Körpers sitzt. Um an seine Leibspeise, die Miesmuscheln, heranzukommen, nutzt der Seestern „Asterias rubens" eine ungewöhnliche Methode: Er saugt sich mit lauter kleinen Füßchen, die an seinen fünf Armen sitzen, an einer Muschel fest. Dann zieht er die Schalenklappen mit seinen kräftigen Armen auseinander, stülpt seinen beweglichen Magen nach außen und direkt in sein Opfer hinein.

Vor Ort verdaut er das Muschelfleisch und zieht erst dann wieder seine Eingeweide aus der leeren Schale zurück.

Da Miesmuscheln nicht weglaufen, muss sich der Seestern nicht sonderlich beeilen, um sie aufzuspüren. Aber welche Richtung schlägt er ein? Bei den Seesternen gibt es weder vorne noch hinten. Kein Kopf bestimmt, wo es lang geht. Daher übernimmt jeweils ein Arm das Kommando und gibt die Marschrichtung vor. Will der Seestern abbiegen, übernimmt der Arm die Führung, der in die gewünschte Richtung weist.
Zweckmäßigerweise sitzen die kleinen, einfach gebauten Augen der Seesterne daher an den Armspitzen, ebenso Sinneszellen zum Riechen und Tasten. Auch wenn ihnen ein Gehirn fehlt, können die kopflosen Seesterne mit ihrem Nervensystem auf die Sinnesreize reagieren und die Bewegungen ihrer Arme steuern. Hochleistungen erbringen sie dabei allerdings nicht.

Seesterne fressen gerne Miesmuscheln und bevölkern daher in großer Zahl die Muschelbänke unter Wasser.

Die Larven der Seesterne sind winzig klein und fast durchsichtig. Sie treiben im Meer umher, bevor sie sich an einem geeigneten Ort niederlassen und in einen Seestern verwandeln.

Die Dornenkrone ist ein Seestern aus dem tropischen Korallenmeer.

Wie beherrscht die Dornenkrone ohne Kopf, aber mit viel Appetit ganze Unterwasserstädte?

Die Dornenkrone „Acanthaster planci" von Seite 29 ist einer der größten und giftigsten Seesterne, die es gibt – zum Glück aber nicht im Wattenmeer, sondern in tropischen Korallenriffen. Sie wächst bis zu einem Durchmesser von einem halben Meter heran. Ihre vielen Arme sind mit scharfen Dornen besetzt. Der Name ist also durchaus berechtigt. Der Seestern erinnert an jene Dornenkrone, die Jesus Christus am Kreuz trug.

Mit ihrem großen Appetit auf Korallenpolypen kann die Dornenkrone tatsächlich zu einem grausamen und zerstörerischen Herrscher über die unterseeischen Korallenstädte werden. Wie Asterias, ihr kleiner Verwandter, frisst sie, indem sie ihren großen Magen nach außen stülpt. Ihre äußerst bewegliche Magenschleimhaut schmiegt sie eng an die Riffkorallen, verdaut die kleinen Polypen vor Ort und saugt die nahrhafte Suppe anschließend auf.

Bis zu fünf Quadratmeter Korallenriff kann eine Dornenkrone pro Nacht abweiden.

Zurück bleiben leblose Ruinen aus Kalk. Eine einzelne Dornenkrone ist jedoch für ein Korallenriff keine echte Bedrohung. Schlimm wird es, wenn sich die Dornenkronen plötzlich explosionsartig vermehren und über ein Riff herfallen. Diese unheimliche Vermehrung kann gebietsweise auftreten und das Todesurteil für ein ganzes Korallenriff bedeuten.

Was haben Igel mit Seesternen zu tun?

Igel in der Nordsee? Das können nur die Seeigel sein, die genauso pieksig sind wie ihre Namensvetter an Land. Mit ihrer stacheligen Haut gehören sie unverkennbar in die Tiergruppe der Stachelhäuter. Auch Seesterne gehören dazu, obwohl ihre Stacheln häufig weit weniger auffällig sind – mal abgesehen von der Dornenkrone …

Auch Seeigel laufen wie die Seestern auf Wasserschläuchen und verzichten auf einen Kopf.

Ihre Schalen kannst du mit etwas Glück heil am Strand finden. Verziert sind sie mit lauter kleinen Höckern, auf denen beim lebenden Tier die Stacheln sitzen. Dazwischen sind in Reihen feine Löcher gestanzt. Durch diese strecken die Seeigel ihre Wasserfüßchen, auf denen sie laufen und klettern.

Kannst du auf einen Seeigel treten, ohne es zu merken?

Nicht alle Seeigel sitzen als stachelige Kugeln am Meeresgrund.

Die Herzseeigel zum Beispiel graben sich im Meeresboden ein und du nimmst sie selbst dann nicht wahr, wenn du direkt auf einem draufstehst. Seine kurzen und dichten Stacheln nutzt der Herzseeigel, um den Sand wegzuschieben und im Boden zu graben. Mancherorts leben ganze Herden von Herzseeigeln im Sand. Ihre zerbrechlichen weißen Gehäuse sind wunderschön, aber leider nur selten heil am Nordseestrand zu finden.

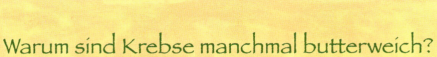

Warum sind Krebse manchmal butterweich?

Krebse stecken gut geschützt in einem harten Panzer und heißen daher auch „Meeresritter". Sie sind also keineswegs butterweich.

Aber wenn ein Krebs wächst, reißt sein Panzer auf.

Er fährt buchstäblich aus der Haut und streift Scheren-, Bein- und Körperpanzerung ab. Jetzt ist der Krebs ganz weich und heißt Butterkrebs.
Die wehrlosen Butterkrebse sind ein begehrter Happen – auch für Räuber, die sich an der harten Schale die Zähne ausbeißen würden. Zwar hat der Krebs schon unter dem alten einen neuen Panzer gebildet, doch der braucht einige Tage, um richtig hart zu werden. Zunächst spannt der Krebs seine neue, noch viel zu große Hülle, indem er Wasser aufnimmt. Dann wächst er allmählich hinein.
Die abgeworfenen Panzerstücke und Kneifscheren von Strandkrabben und anderen Krebsen kannst du am Strand finden.

Die Strandkrabbe droht Angreifern mit ihren beiden kräftigen Kneifscheren.

Warum hat die Strandkrabbe nicht nur Stielaugen, sondern auch Beine am Kopf?

Die Strandkrabbe von Seite 16 hat den armen Asterias ganz schön eingeschüchtert! Doch auch wenn dir eine im flachen Wasser entgegenkommt, ist Vorsicht geboten.

Die Scheren einer ausgewachsenen Strandkrabbe können ganz schön kneifen. Autsch!

Die beiden großen Kneifscheren sitzen jeweils auf einem Krebsbein. Auf weiteren acht Beinen läuft die Strandkrabbe quer über den Meeresgrund. Und an ihrem Kopf sitzen nochmals sechs kleine Beine. Sie sind zu Mundwerkzeugen umgestaltet und helfen beim Fressen. Die Strandkrabbe hat quasi Messer, Gabel und Löffel immer dabei. Das funktioniert, weil Krebse so viele Beine haben, dass sie gar nicht alle zum Laufen brauchen, sondern verschiedene nützliche Werkzeuge daraus gemacht haben.

Der Kopf der Strandkrabbe steckt ebenso wie der übrige Körper unter einem schützenden Panzer. Man sieht ihn also erstmal gar nicht. Heraus ragen nur die scharfen Augen, die auf beweglichen Stielen sitzen. Sie sind aus mehreren tausend einzelnen Augen zusammengesetzt. Gemeinsam erzeugen die Einzelaugen ein wie aus lauter Mosaiksteinchen zusammengesetztes Bild. Solche Komplexaugen tragen nicht nur die Krebse, sondern auch die Insekten.

Doch die Strandkrabbe verlässt sich nicht allein auf das, was sie sieht. Sie hat auch noch andere Sinne in ihrem Kopf versammelt. Sie kann tasten, riechen, schmecken, oben und unten unterscheiden. Entsprechend leistungsstark ist auch ihr Gehirn, von dem aus Nervenstränge wie eine Strickleiter durch ihren Körper ziehen.

Können Beine atmen?

Zum Atmen haben wir unsere Lunge, die frische sauerstoffreiche Luft aufnimmt und verbrauchte kohlendioxidhaltige Luft abgibt. Aber auch unsere Beine können atmen, denn über die Hautoberfläche werden ebenfalls Atemgase ausgetauscht. Allerdings spielt diese Hautatmung bei uns Menschen kaum eine Rolle. Krebse hingegen atmen wirklich mit den Beinen:

Die Kiemen, die Sauerstoff aus dem Wasser aufnehmen und in den Körper leiten, sitzen bei den Krebstieren nämlich am oberen Abschnitt der Beine.

Am Kopf der Strandkrabbe sitzen zwei Stielaugen und darunter kleine Beine, die zu Mundwerkzeugen umgestaltet sind.

Hummer

Taschenkrebs

Seespinne

Warum sind Krabben eigentlich gar keine Krabben?

Echte Krabben, das sind die Strandkrabben und ihre Verwandten, die alle ihren Hinterleib zurückgebildet und unter den Bauch geklappt haben. Wer eine Strandkrabbe umdreht, kann dies gut sehen.

Die „Krabben", die in den beliebten Krabbenbrötchen stecken oder auf Rührei angeboten werden, sind eigentlich Garnelen.

Garnelen haben im Unterschied zu den echten Krabben ein gut entwickeltes Endstück und genau darin sitzt das Muskelfleisch, das uns so lecker schmeckt.

Daher stört es wohl niemanden, dass die „Krabben" eigentlich Nordseegarnelen oder Sandgarnelen heißen.

Die Krabbenfischer fangen Nordseegarnelen im Wattenmeer. Noch an Bord des Kutters werden die Garnelen gekocht und dadurch rötlich.

Lebende Nordseegarnelen sind gut getarnt.

Wer kitzelt deine Füße im Priel?

Wenn du schon mal auf Wattwanderung warst, kennst du die Antwort: die Nordseegarnelen. Sie bevölkern in den Sommermonaten milliardenfach das Wattenmeer. Vor allem junge Garnelen halten sich in flachen Pfützen und Prielen auf, wo keine hungrigen Fische lauern. Sie dort zu entdecken, ist gar nicht so leicht.

Oft graben sich die Nordseegarnelen ein und schauen nur mit den Augen und Fühlern heraus.

Außerdem können sie ihre Farbe fast vollständig dem Untergrund anpassen und heben sich kaum vom sandigen Boden ab.
Aber wenn du den Nordseegarnelen auf einer Wattwanderung zu nahe kommst, klappen sie ruckartig ihren Schwanzfächer unter den Bauch und schießen rückwärts davon. So schnell, dass du sie kaum siehst, sie aber deutlich als Kribbeln unter deinen Füßen fühlen kannst.

Wer steckt in den Rennschnecken?

Wenn du eine Schnecke ganz ungewöhnlich schnell und geschäftig im flachen Wasser herumlaufen siehst, steckt bestimmt ein Krebs dahinter. Ein Einsiedlerkrebs wie der von Seite 16, der seinen weichen, ungepanzerten Hinterleib am liebsten mit einem leeren Schneckenhaus schützt. Diese Behausung ist stabil und tragbar zugleich. Seine Form hat der Krebs genau an die Windungen des Gehäuses angepasst. Mit seinen beiden Scheren kann er das Häuschen auch verriegeln. Er läuft auf vier Beinen, mit vier weiteren hält er sich an der Schneckenschale fest.

Damit der Einsiedlerkrebs wachsen kann, muss er immer mal wieder umziehen.

Doch nicht immer findet er ein passendes Schneckenhaus in der gewünschten Größe. Abhilfe schaffen die Stachelpolypen, die gerne auf dem Hausdach eines Einsiedlers wohnen: Sie bauen eine feste Bodenplatte, die über die Öffnung des Schneckenhauses hinausragt, und schaffen dadurch mehr Platz für den beengten Hausbesitzer.

Können Krebse Häuser bauen?//
Der Einsiedlerkrebs wohnt nur in fremden Häusern, aber es gibt auch Krebse, die sich ihre eigenen Häuser bauen.

Du kennst sie bestimmt: Es sind die Seepocken, deren weiße Bauten aus Kalkplatten überall an der Küste zu finden sind – auf Hafenanlagen, Holzpfählen oder Steinen am Deichrand ebenso wie auf Muscheln, Seetang oder Plastikmüll. Kaum zu glauben, dass diese in ihrem Haus festgewachsenen Wesen Krebstiere sind. Aber ihre Larven schwimmen genau wie die anderer Krebse frei im Wasser herum. Dann lassen sie sich nieder, heften sich mit ihren Kopf an eine feste Unterlage und errichten ihren Plattenbau. Sechs ihrer Beinpaare wachsen zu langen, gefiederten „Rankenfüßen" heran. Laufen kann die Seepocke damit nicht. Stattdessen streckt sie diese „Füße" aus ihrer Behausung und fängt damit Plankton aus dem Wasser, um es aufzufressen.

Bei Ebbe zeigt sich, welche Vorteile der Plattenbau hat: Sitzt die Seepocke vorübergehend auf dem Trockenen, schützt er sie – fest verschlossen – vor dem Austrocknen. Erst wenn die Flut kommt, wagt sich die Seepocke wieder hervor.

Unter Wasser öffnen die Seepocken ihre „Rankenfüße", um Plankton zu fangen.

Die winzigen Larven der Seepocken treiben frei im Wasser und können neue Standorte erobern, während ihre Eltern festgewachsen sind und nicht mehr umziehen können.

MUSCHELN

Wer macht die vielen Löcher im Wattboden?

Am Wattboden findest du viele Signale aus der Unterwelt. Sandkringelhäufchen und Trichter verraten eindeutig: Hier wohnt der Wattwurm. Schwieriger wird es bei den kleinen und großen Löchern im Boden, aber wenn du auf Muschel tippst, liegst du fast immer richtig.

Die meisten Muscheln graben sich im Watt ein.

Dazu nutzen sie ihren kräftigen Grabfuß, den sie zwischen ihren beiden Schalenklappen nach draußen strecken können. Mit einem oder zwei langen Schnorcheln halten sie Kontakt zur Oberwelt.

Muschellöcher

Sandklaffmuschel

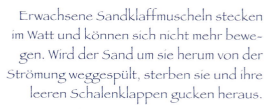

Erwachsene Sandklaffmuscheln stecken im Watt und können sich nicht mehr bewegen. Wird der Sand um sie herum von der Strömung weggespült, sterben sie und ihre leeren Schalenklappen gucken heraus.

Warum verzichtet die Sandklaffmuschel auf einen Kopf und wie schlürft sie ohne Mund ihre Suppe?

Die miesepetrige Sandklaffmuschel von Seite 17 lebt im Verborgenen. Sie gräbt sich tief im Wattboden ein. Auf einen Kopf kann sie da unten getrost verzichten. Sie kriecht nicht umher, schwimmt nicht, läuft nicht. Daher muss sie auch keine leistungsstarken Sinne vorne in einem Kopf versammeln, die ihr sagen, wo sie ist oder wer ihr über den Weg läuft.

Als Jungtier gräbt sie sich ein und orientiert sich dabei mit ihrem Schweresinn. Der meldet ihr, wo oben und unten ist und sitzt da, wo die Muschel ihn braucht – an ihrem Grabfuß. Einmal unten angekommen, bleibt sie, wo sie ist. Nur ein etwa Fingernagel großes ovales Loch auf dem Wattboden verrät, wo sie sitzt. Das Loch erzeugt die Muschel mit einem langen Schnorchel, durch den sie ihre Algensuppe schlürft. Einen Mund, wie wir ihn haben, braucht sie dazu nicht. Das Meerwasser fließt durch den Schnorchel in ihren Körper hinein. Dort filtern große Kiemen die vielen kleinen Algen aus dem Wasser und transportieren sie zum Magen.

Die Muscheln nutzen ihre Kiemen also nicht nur zum Atmen, sondern auch zum Fressen.

Im Muschelmagen steckt ein spezieller Stab, Kristallstiel genannt, der sich ständig dreht und dabei den Mageninhalt durchmischt und verdaut. Das verbrauchte Wasser fließt durch den Schnorchel wieder ab und spült auch den Abfall der Muschel mit sich fort. Wird die Sandklaffmuschel gestört, so zieht sie ihren Schnorchel zwischen die Schalenklappen zurück und stößt dabei eine Wasserfontäne aus. Dadurch hat sie sich auch den Namen Pissmuschel eingebrockt.

Was hat die Muschel mit dem Herz zu tun?

Die schönen, gerippten Schalenklappen der Herzmuscheln findest du häufig am Strand. Vielleicht hast du auch schon deine Sandburg oder ein besonderes Urlaubsschatzkästchen damit verziert. Wie die Herzmuschel zu ihrem Namen kam, kannst du sehen, wenn du ihre beiden Schalenklappen von der Seite betrachtest: Ihr Umriss ist herzförmig.

Die lebenden Tiere sitzen wenige Zentimeter tief im Sandwatt verborgen.

Wenn du eine ausgräbst und auf den Boden legst, so öffnet die Muschel vorsichtig ihre Klappen, streckt ihren langen Grabfuß heraus und wühlt sich mit ruckartigen Bewegungen schleunigst wieder in den Sand. Schnell ins Versteck, denn Herzmuscheln sind eine begehrte Beute von Krebsen, Fischen und Vögeln.

Diese zwei Röhren verraten: Hier steckt eine Herzmuschel im Meeresboden.

Herzmuschel mit Grabfuß

Welche Muschel ist scharf wie ein Schwert?

Wer aus Versehen auf die Schale einer Schwertmuschel tritt, kann sich böse schneiden. Denn ihre lang gestreckten Schalenklappen sehen nicht nur so ähnlich aus wie ein Schwert, sie sind auch genauso scharfkantig.

Die Amerikanische Schwertmuschel wurde in den 1970er Jahren aus den USA in die Nordsee eingeschleppt.

Heute kommt sie hier massenhaft vor. Schwertmuscheln leben im Sand vergraben, aber ihre leeren Schalen werden bei Sturm an den Strand gespült.

Bohrlöcher der Nabelschnecke

Wer bohrt die Löcher in die Muschel?

In manche Muschelschale, die du am Strand findest, hat jemand ein kreisrundes Loch gebohrt. Perfekt, um ein Band hindurchzufädeln und eine Muschelkette zu machen. Doch wer war das? Der Bohrmeister ist eine Schnecke, die Glänzende Nabelschnecke, die mit ihrer scharfen Raspelzunge Muschelschalen anbohrt und das Muschelfleisch auffrisst.

Ist eine Muschelschale völlig durchlöchert, steckte der Bohrschwamm darin.

Er bohrt Löcher und Gänge in alles, was aus Kalk besteht: Steine, leere Schneckenhäuser und Muschelschalen.

Vom Bohrschwamm zerlöcherte Austernschale

Den Engelsflügel kannst du am Strand finden.

Können Muscheln Löcher bohren?

Muscheln werden nicht nur von anderen angebohrt. Einige können auch selbst bohren. Mit den Vorderkanten ihrer harten Schalen meißeln sich die Bohrmuscheln Wohngänge in Kreidestein, Lehm oder Holz. Sie fressen winzige Algen, die sie aus dem Wasser filtern.

Am Strand findest du manchmal Schalen einer Bohrmuschel, die wegen ihres Aussehens auch Engelsflügel genannt wird.

Auch Treibholz mit kreisrunden Bohrlöchern darin wird häufig angespült.

Lebender Engelsflügel in Kalkstein

Wenn die Flut kommt, öffnen die Miesmuscheln im Watt ihre Schalenklappen und filtern winzige Algen als Nahrung aus dem Wasser.

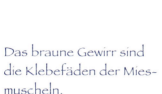

Das braune Gewirr sind die Klebefäden der Miesmuscheln.

Warum haben Miesmuscheln den Superkleber erfunden?

Hättest du ihnen das zugetraut? Miesmuscheln produzieren mit einer besonderen Drüse an ihrem Fuß einen echten Superkleber. Einen, der sogar im Seewasser bestens haftet und noch dazu umweltfreundlich ist.

Der Muschelkleber ist so gut, dass Materialforscher ihn für ihre Neuerfindungen nutzen.

Doch was klebt die Muschel damit? Die Antwort lautet: sich selbst!
Miesmuscheln graben sich nicht wie die meisten anderen Muscheln im Wattboden ein. Sie kleben sich an Steinen, Holzpfählen oder anderen Muscheln fest, um nicht von der Wasserströmung fortgespült zu werden. Wenn sich genügend Miesmuscheln aneinander festkleben, entsteht eine große Muschelbank. Und wenn du auf einer Wattwanderung genau hinschaust, erkennst du zwischen den Miesmuscheln ein ganzes Geflecht aus bräunlichen Klebefäden. Das hat den Namensgeber der Miesmuschel an Moos erinnert. Und das mittelhochdeutsche Wort für Moos lautet „mies".

Vor Sylt werden Pazifische Austern gezüchtet.

Die eingeschleppten Austern siedeln sich auf Miesmuschelbänken im Wattenmeer an.

Mittlerweile haben die Austern aus Fernost mancherorts dichte Bestände gebildet.

Wie kommen die Japaner auf die Muschelbank?

Japaner auf der Muschelbank? Das können Touristen sein, die im Weltnaturerbe auf Wattwanderung gehen, oder Reisende aus Fernost mit harter Schale und weichem Kern: die Pazifischen Austern. Sie stammen aus Japan und werden im Wattenmeer gezüchtet. Die frei schwimmenden Austernlarven treiben aus den Kulturen und siedeln sich andernorts auf festem Untergrund an – zum Beispiel auf Miesmuscheln.

Auch amerikanische Pantoffelschnecken, australische Seepocken und japanischer Beerentang fühlen sich wohl auf den Muschelbänken, die ihnen festen Halt im weichen Schlick bieten.

Gemeinsam mit den einheimischen Arten bilden sie eine internationale Wohngemeinschaft.

Die Schalen der Pilgermuschel haben eine unverwechselbare Form.

Wie kann die Pilgermuschel kopflos durchs Leben hüpfen und trotzdem die Orientierung behalten?

Wie alle Muscheln verzichtet auch die Pilgermuschel von Seite 18 auf einen Kopf. Aber die Pilgermuschel ist nicht so bodenständig wie die anderen. Sie kann schwimmen. Dazu klappt sie blitzschnell ihre Schale auf und zu und hüpft davon. Als Antrieb dient ihr dabei der Wasserdruck: Wenn die Pilgermuschel ihre Schalenklappen kraftvoll schließt, stößt sie Wasser aus und wird dadurch vorwärtsgeschoben.

Aber wo hüpft sie denn hin – kopflos wie sie ist? Die Pilgermuschel hat Abhilfe geschaffen:

Am Rande ihrer zwei Schalenklappen liegen lauter kleine Augen, die ihr zeigen, wohin sie schwimmt.

Auch ihre Feinde, den Seestern und den Kraken, kann die Pilgermuschel damit sehen. Zusätzlich sitzen neben den Augen zahlreiche kleine Fühler. Ihren Namen bekam die Pilgermuschel übrigens nicht, weil sie durch das Wasser „pilgert". Namensgeber waren vielmehr die echten Pilger, die Schalen dieser Muschel an Hut und Gewand trugen, wenn sie von Pilgerreisen aus dem Mittelmeergebiet heimkehrten.

Eine Strandschnecke lugt aus ihrem Haus heraus. Ihr Kopf sitzt direkt auf ihrem Kriechfuß.

Warum sitzen so viele Schnecken auf dem Trockenen?

Sie sitzen auf allem, was festen Halt bietet: auf Steinen, Beton, Holzpfählen, Seetang, Miesmuscheln: die Strandschnecken in ihren kleinen, graubraunen Häuschen. Bei Ebbe sitzen die Meeresschnecken auf dem Trockenen, verschließen ihr Gehäuse fest mit einem Deckel und warten, bis die Flut wieder heranschwappt. Sie sind zäh genug, um stundenlange Trockenzeiten zu überstehen. Doch die Warterei lohnt sich:

Bei Flut werden die Strandschnecken munter und weiden den üppigen Algenrasen vom Untergrund ab wie die Kühe das Gras auf der Wiese.

Wer ist die schnellste Schnecke im Watt?

Den Titel „schnellste Schnecke" bekommt im Wattenmeer eindeutig die winzige Wattschnecke. Zwar erreicht sie auf ihrem Kriechfuß nur das übliche Schneckentempo, doch sie hat einen Trick: Aus ihrem Schneckenschleim kann sie sich ein Floß bauen und damit an der Wasseroberfläche treiben. Mit der Strömung kann sie auf diese Weise schnell und bequem kilometerweit reisen.

Wattschnecken sind nur wenige Millimeter groß und leicht zu übersehen.

Sie bevölkern zu Tausenden den Wattboden und grasen winzig kleine Algen von der Sandoberfläche ab. Manchmal werden ihre leeren Gehäuse massenhaft am Strand zusammengespült.

Wattschnecke

Warum rauscht es im Schneckenhaus?

Als Kalle sich das leere Wellhornschneckenhaus von Seite 9 ans Ohr drückt, hört er das Meer rauschen.

Du kannst es selbst ausprobieren.

Es rauscht wirklich im Schneckenhaus – allerdings nicht das Meer. In Wirklichkeit hörst du leise Geräusche aus der Umgebung, die in dem Gehäuse zu einem Rauschen verstärkt werden.
Ihren Namen bekam die Wellhornschnecke übrigens wegen der wellenförmig geschwungenen Wachstumsringe auf ihrem Gehäuse („gewelltes Horn").

Wellhornschnecke

Warum trägt die Wellhornschnecke ihren Kopf auf dem Fuß?

Der Kopf der Wellhornschnecke von Seite 20 sitzt direkt auf ihrem großen Kriechfuß. Für uns gewöhnungsbedürftig, aber für die Schnecke höchst praktisch. Mit dem Kopf auf dem Fuß weiß sie immer, wohin sie kriecht und was vor ihr passiert. Ihre Eingeweide – also das, was wir in unserem Bauch tragen – hat die Schnecke hinten in ihrem Haus verstaut. Dort liegen sie gut geschützt in der harten Schale. Wie nützlich das ist, weiß jeder, der schon mal einen schmerzhaften Tritt in den Bauch bekommen hat …

Wenn Gefahr droht, kann die Schnecke auch noch Kopf und Fuß in ihr schützendes Gehäuse einziehen.

So ist sie für hungrige Mäuler schwer zu knacken. Und das, obwohl Schnecken zu den „Weichtieren" gehören.
Der Schneckenkopf ist gut ausgestattet mit Augen, langen Fühlern und einem Mund, in dem eine mit scharfen Zähnchen bewehrte Raspelzunge liegt. Die Wellhornschnecke hat außerdem noch eine feine Spürnase. Einen langen Schlauch, mit dem sie ihre Beute schon von Weitem wittert.

Warum haben Schnecken Zähne auf der Zunge?

Schnecken haben genau wie wir eine Zunge und Zähne im Mund. Doch bei den Schnecken sitzen die Zähne auf der Zunge! Sie bilden ein ganz besonderes Fresswerkzeug: eine Raspelzunge. Mit den vielen Zähnchen auf der Zunge raspelt beispielsweise die Strandschnecke kleine Algen und sonstigen Aufwuchs vom harten Untergrund ab. Weil die Zähnchen dabei schnell abnutzen, verfügt die Schnecke über jede Menge Zahnersatz. Ihre Raspelzunge ist ganz lang und liegt aufgerollt in der Mundhöhle. Sind die vorderen Zähnchen vom vielen Schaben stumpf geworden, rollt die Schnecke einfach ein neues Stück von ihrem Zahnband ab.

Bohrschnecken haben ihre Raspelzunge zu einem Bohrwerkzeug umfunktioniert. Damit löchern sie Seepocken oder Muscheln, um sie anschließend auszufressen.

Die Kegelschnecken haben Giftpfeile daraus gemacht, mit denen sie sogar Fische töten.

Wellhornschnecken legen ihre Eier in einem dicken Klumpen am Meeresboden ab.

Was sind Seeseifenkugeln?

Seeseifenkugeln heißen die Eiklumpen der Wellhornschnecken, weil sich die Fischer früher damit die Hände gereinigt haben. In jedem der etwa faustgroßen Klumpen stecken Tausende von Schneckeneiern. Wenn die Schneckenkinder geschlüpft sind, treiben die leeren Gelege häufig im Meer herum und werden an unsere Strände gespült.

In der Sonne trocknen sie aus und fühlen sich dann wie Pergamentpapier an.

Seeseifenkugel

Leeres Pantoffelschneckenhaus

Lebende Pantoffelschnecke von unten

Pantoffelschneckenturm

Wer passt in die Pantoffeln am Strand?

Manchmal werden ganz viele kleine Pantöffelchen vom Meer an den Strand gespült. Es sind die leeren Gehäuse der Pantoffelschnecke, die von unten tatsächlich so aussehen wie winzige Hausschuhe. Ursprünglich stammen die Pantoffelschnecken aus Nordamerika. Zusammen mit Zuchtaustern gelangten sie in die Nordsee und fühlen sich bei uns offensichtlich pudelwohl. Jedenfalls vermehren sie sich kräftig. Erstaunlich dabei:

Die Tiere beginnen ihr Leben als Männchen und wandeln sich später in Weibchen um.

In „Paarungsketten" sitzen die Pantoffelschnecken aufeinander. Manchmal findest du einen solchen Schneckenturm angespült am Strand.

Toller Strandfund: das Schneckenhaus vom Pelikanfuß

Lebende Pelikanfüße unter Wasser

Was haben Schnecken mit Vogelfüßen zu tun?

Wer einen Pelikanfuß am Strand findet, kann sich über eine Besonderheit freuen: ein ungewöhnliches Schneckenhaus, das – mit etwas Fantasie betrachtet – tatsächlich an den Schwimmfuß eines Pelikans erinnert.

Die Schnecke namens Pelikanfuß lebt eingegraben im Meeresboden.

Manchmal werden ihre kunstvollen Gehäuse an die Küste gespült.

In der Nordsee leben auch ganz ungewöhnliche Schnecken, die auf ein Häuschen verzichten. Sie heißen Nacktschnecken.

Gibt es Fische ohne Gräten?

Sie heißen Tintenfische, aber Fische sind sie nicht. Tintenfische sind Weichtiere, genauso wie die Schnecken und die Muscheln. Sie haben weder Schuppen noch Gräten und sind mit den echten Fischen sogar noch weniger verwandt als wir.

Tinte haben die Tintenfische aber tatsächlich.

Bei Gefahr verspritzen sie dunkle Farbe, um damit den Feind zu verwirren und flüchten zu können.

Wem gehören die Mini-Surfbretter am Strand?

Am Strand kannst du den Schalenrest eines Tintenfisches finden: Er sieht aus wie ein kleines, weißes Surfbrett, heißt Schulp und gehört der Sepia.

Beim lebenden Tintenfisch sitzt der Schulp innen im Körper und macht das Tier leichter, weil er mit lauter luftgefüllten Löchern durchsetzt ist.

Die Sepia legt sich zur Jagd auf die Lauer. Sie kann die Farben und Muster ihrer Haut täuschend echt an den Boden anpassen, auf dem sie gerade liegt. So ist sie perfekt getarnt. Sichtet die Sepia eine Beute, pirscht sie sich vorsichtig heran, greift mit zwei lassoartigen Fangarmen das Opfer und hält es mit den acht kürzere Armen fest, um es zu verspeisen.

Oben: lebende Sepia, darunter: Schulp der Sepia

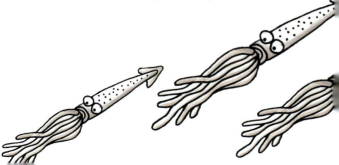

Wieviel Grips hat ein Kopffüßer?

Den Riesentintenfisch von Seite 25 hat noch niemand so nah wie Kalle gesehen. Denn diese Giganten hausen in den Tiefen der Ozeane.

Ihre Augen sind so groß wie Fußbälle und ihre Arme so lang, dass sie zwei Fußballtore nebeneinander damit verteidigen könnten.

Sie sind die größten Weichtiere der Erde und gehören immer noch zu den geheimnisvollsten Wesen des Meeres. Sie kämpfen mit Pottwalen, wenn diese ihnen bis in tausend Meter Tiefe nachstellen, um sie zu fressen. Zurück bleiben den Pottwalen tiefe Narben von den tellergroßen Saugnäpfen ihrer wehrhaften Beute. Riesentintenfische selber fressen Fisch und kleinere Tintenfische.
Tintenfische heißen auch Kopffüßer und ihr Kopf macht diesem Namen alle Ehre. Kopffüßer sind intelligente Tiere. Ihr hoch entwickeltes Gehirn wird von einer festen Schädelkapsel geschützt. Ihre scharfen Augen sind wie die unsrigen mit Linse und Iris ausgestattet. Ihr kräftiger Kiefer gleicht einem Papageienschnabel.

Die Kompassqualle hat eine Zeichnung auf ihrem glibberigen Schirm, die an eine Kompassrose erinnert.

NESSELTIERE

Was hat eine Qualle mit einer Mondrakete zu tun?

Am Strand machen Quallen keine gute Figur. Einmal angespült, liegen sie da wie glibberiger Wackelpudding und vertrocknen langsam in der Sonne. Im Wasser aber schweben Quallen anmutig dahin und können sogar richtig schwimmen.

Dazu nutzen sie das gleiche Prinzip wie eine Mondrakete auf ihrem Flug in den Weltraum: das so genannte Rückstoßprinzip.

Die Qualle zieht ihren schirmförmigen Körper zusammen und presst Wasser heraus, um sich nach vorne stoßen zu lassen. Die Mondrakete stößt Verbrennungsgase aus, um sich anschieben zu lassen. Außerdem nutzen Quallen ein besonders energiesparendes Transportmittel: Sie lassen sich einfach in der Wasserströmung treiben.
Weil sie fast nur aus Wasser bestehen, schweben Quallen wie schwerelos dahin. Wir dagegen müssen uns beim Baden ganz schön abstrampeln, um nicht unterzugehen.

Feuerqualle

Kompassqualle

Wie erbeuten Quallen auch ohne Kopf sogar Fische?

Die Feuerqualle von Seite 20 ist schwer bewaffnet. An ihren vielen langen Fangfäden sitzt ein ganzes Arsenal von winzigen, schlagkräftigen Giftharpunen, die in Kapseln verpackt sind. Schwimmt ein Fisch vorbei, schlagen feine Sinnesborsten Alarm. Dann klappt der Kapseldeckel auf, ein aufgerollter Schlauch mit messerscharfer Spitze fliegt heraus und durchschlägt die Haut des Fisches. Das Gift fließt aus und lähmt die Beute augenblicklich. Tausende von solchen Nesselkapseln explodieren, wenn ein Fisch in die Fangfäden einer Feuerqualle gerät, und das Opfer verstrickt sich darin wie in einem riesigen Spinnennetz.

Dann zieht die Qualle den Fisch hoch zu ihrem Mund und schluckt ihn.

Anschließend wird der dicke Brocken im Quallenmagen langsam verdaut.
Für den Fischfang setzt die Feuerqualle ganz auf ihre Giftharpunen. Einen Kopf braucht sie dazu nicht. Sie jagt ihrer Beute nicht hinterher und braucht daher weder hoch entwickelte Sinne noch ein Gehirn. Stattdessen lässt sie sich treiben und wartet, bis ein Fisch in ihr Fangnetz gerät. Immerhin kann die Qualle zwischen hell und dunkel unterscheiden und merkt, wo oben und unten ist.

Blumenkohlqualle

Ohrenqualle

Gefährlich oder harmlos?

Sie heißen nicht umsonst Feuerquallen: Wer beim Baden mit ihnen in Kontakt kommt, kriegt unangenehm brennende, rote Quaddeln auf der Haut oder sogar Muskelkrämpfe und Fieber. Schuld daran ist das Nesselgift in ihren vielen Fangfäden.

Zum Glück sind die meisten Quallen in der Nordsee eher harmlos.

Wenn du ihnen beim Baden begegnest, ist das vielleicht unangenehm glibberig, aber nicht gefährlich. Weit verbreitet sind die Ohrenquallen, die völlig harmlos sind. Das gilt auch für die Blumenkohlquallen. Die schön gezeichneten Kompassquallen können uns zwar nesseln, aber nur wenig.

Diese beiden Blumentiere sind Verwandte der Quallen und Korallen und leben in der Nordsee. Bei Gefahr können sie ihre vielen Fangarme einziehen.

Warum sind die kopflosen Korallenpolypen keine Blumen?

Die Korallen von Seite 26 sehen eher aus wie blühende Pflanzen, die in einem unterseeischen Garten stehen. Doch die vermeintlichen Blütenblätter sind winzige Fangarme. An ihnen sitzen wie bei der Feuerqualle unzählige Nesselkapseln. Korallen und Quallen gehören beide zu der großen Gruppe der Nesseltiere. Mit ihren winzigen Giftharpunen fangen die Korallenpolypen kleine im Wasser treibende Tiere und befördern sie durch den Mund in ihren großen Magen.

Korallen sind also keineswegs bunte Blumen, sondern räuberische Tiere.

Ein willkommenes Zubrot liefern ihnen kleine Algen, die sie in ihrem Körper beherbergen. Die Mini-Pflanzen bauen mit Sonnenenergie Zucker auf, den die Korallenpolypen naschen. Im Gegenzug werden die Algen gedüngt und bekommen ein geschütztes Heim.
Etwas haben die Korallentiere jedoch mit Blumen gemeinsam: Haben sie sich erstmal niedergelassen, rühren sie sich nicht mehr vom Fleck. Sie breiten ihre Tentakel aus und fangen das, was gerade vorbei treibt. Dazu brauchen sie weder besondere Sinnesleistungen noch einen Kopf. Bei Gefahr ziehen sie sich blitzschnell in ihre festen Kalkbauten zurück und sind bestens geschützt.
Millionen der nur Millimeter großen Korallenpolypen haben zusammen riesige Riffe gebaut. Australiens „Great Barrier Reef" beispielsweise ist so groß, dass man dieses Korallenriff wie ein Gebirge vom Weltraum aus sehen kann. Bei uns im Wattenmeer findet man allerdings keine Korallen.

Diese Korallen findet man nicht in der Nordsee, sondern in wärmeren Meeren.

Der Clownfisch ist in tropischen Korallenriffen zuhause. Er lebt in einer Seeanemone, die auch mit den Korallen verwandt ist.

Kann man sich Quallen an den Hut stecken?

Einen Hut mit Quallen zu garnieren, fällt wohl kaum jemandem ein. Doch nahe Verwandte, die wie die Quallen zu den Nesseltieren gehören, haben sich die Frauen früher tatsächlich an den Hut gesteckt: Seemoos.

Seemoos sieht aus wie eine Pflanze mit lauter zierlichen Ästen. Getrocknet und gefärbt war es als „Zierpflanze" sehr beliebt.

Doch Seemoos ist keine Pflanze, sondern besteht aus winzig kleinen Nesseltieren, die eine Wohngemeinschaft bilden.

Sie leben am Meeresgrund und fischen mit ihren Fangarmen Plankton aus dem Wasser. Manchmal werden Seemoosbüschel von starker Strömung losgerissen und an den Strand gespült. Wenn du eins findest, schau dir die zarten, hellbraunen Zweige mal genau an: Statt einer Pflanze liegen lauter kleine, räuberische Tiere in deiner Hand.

Was macht die Stachelbeere im Meer?

Obst gehört eigentlich nicht ins Meer. Doch mit der Seestachelbeere ist das anders. Sie hat zwar die Form einer Stachelbeere, gehört aber zu den Rippenquallen. Sie ist komplett durchsichtig und ihre „Rippen" bestehen aus lauter dünnen Plättchen, die auf und ab schlagen und die Seestachelbeere durchs Wasser bugsieren. Aus zwei Taschen ragt je ein langer, verzweigter Klebefaden hervor, mit dem die Qualle ihre Beute fängt.
Genau wie die großen Schirmquallen werden auch die kleinen Seestachelbeeren zuweilen an den Strand gespült. Dort liegen sie wie glashelle glänzende Murmeln. Nimm sie ruhig in die Hand und betrachte sie genauer.

Rippenquallen haben keine Nesselkapseln und brennen daher nicht auf der Haut.

Seestachelbeeren kannst du am Strand finden.

links: Diese riesige Melonenqualle treibt vor der chilenischen Küste. Ihre kleineren Verwandten leben in der Nordsee. Dazu gehört auch die Seestachelbeere.

Seemoos

Warum ist die Scholle platt?

Vielleicht weil sie platt getreten wurde? Schollen graben sich gerne im Sandboden ein, bis nur noch ihre Augen herausragen, und sind dann so gut getarnt, dass Wattwanderer in einem flachen Priel immer mal wieder versehentlich auf eine drauftreten. Platt war der Plattfisch allerdings schon vor dem Tritt.

Denn wer platt ist, kann sich am Meeresgrund fast unsichtbar machen, wird also nicht so leicht aufgespürt und aufgefressen.

Die Schollen sind also platt, weil sie sich optimal an das Bodenleben angepasst haben, genauso wie die anderen Plattfische, beispielsweise Flunder, Kliesche, Steinbutt und Seezunge. Im Frühling kannst du mit etwas Glück junge Schollen in Ebbetümpeln und Prielen entdecken. Also nicht erschrecken, wenn du auf einen kleinen Plattfisch trittst!

Seezunge

Steinbutt

Was macht der Seehase zu Ostern?

Der Hase bringt die Ostereier – sagt man. In Wirklichkeit können Hasen weder Eier legen noch für die Kinder verstecken. Anders der Seehase von Seite 22. Der kann wirklich Eier legen, und das nicht nur zu Ostern. Wie viele andere Fische auch, legt der Seehase Unmengen von winzig kleinen Eiern, aus denen später die Fischlarven schlüpfen.

Die Seehaseneier kann man sogar essen.

Als „Deutscher Kaviar" landen sie schwarz gefärbt, mit Salz und verschiedenen Zusatzstoffen versehen, im Einkaufsregal der Supermärkte. Allerdings wärst du wahrscheinlich furchtbar enttäuscht, wenn du statt leckerer Schoko-Eier vom „echten" Osterhasen die salzig-fischigen Eier vom Seehasen finden würdest!
Mit seinem plumpen Körper, dem Rückenkamm und den vielen Knochenhöckern ist der Seehase Cyc (die Fachleute nennen ihn „Cyclopterus lumpus") unverwechselbar. Seine Bauchflossen sind zu einer Saugscheibe umfunktioniert, mit der er sich an Felsen und Steinen festheftet, um nicht von heftigem Seegang oder starken Strömungen fortgespült zu werden. In den großen Aquarien mit Nordseefischen kannst du diesen ungewöhnlichen Hasen bestaunen.

Was steckt alles in einem Fischkopf?

„Fischkopf", so titulieren manche Süddeutsche ihre Landsleute aus dem hohen Norden. Doch was ist eigentlich ein echter Fischkopf? Und was hat unser Kopf (auch der eines Süddeutschen) mit einem Fischkopf gemeinsam? Zum Beispiel einen Schädel: Der Fisch namens Seehase von Seite 22 hat einen, ebenso Menschen, Mäuse und Co. Alle Wirbeltiere haben einen harten Schädel aus Knorpel oder Knochen, der ihr hoch entwickeltes Gehirn schützt. Außerdem trägt ihr Kopf Sinne zum Riechen, Schmecken, Sehen, Hören, Fühlen.
Und wozu dieser Aufwand? Anders als die Quallen haben sich viele Wirbeltiere darauf spezialisiert, aktiv ihre Beute aufzuspüren und zu jagen. Dazu haben sie ihre Sinnes- und Gehirnleistungen perfektioniert und die besten Köpfe im ganzen Tierreich entwickelt.
Je nach Lebensweise sind einzelne Sinne mehr oder weniger gut ausgeprägt.

Fische können sehr gut riechen.

Lachse beispielsweise erinnern sich noch nach Jahren, wie der Fluss riecht, in dem sie zur Welt kamen. Fische können auch hören. Und ganz schön viel Krach machen. Der Knurrhahn beispielsweise heißt so, weil er tatsächlich knurrt.

Andere Fische grunzen, quieken, trommeln, zirpen, zischen oder trompeten.

Es steckt also einiges in einem Fischkopf. Zusätzlich haben Fische noch einen sechsten Sinn an ihren Flanken: Die Seitenlinienorgane, mit denen sie Wasserströmungen wahrnehmen.

Seehase

Aalmutter

Steinpicker

Seewolf

Leierfisch

Wie kommt ein Tropenfisch ins Wattenmeer?

Er ist so poppig bunt wie Clownfisch Nemo aus dem tropischen Korallenriff: der Gestreifte Leierfisch. Doch er schwimmt im heimischen Wattenmeer umher. Ist er mit der Meeresströmung hierher gereist wie Kalle in unserer Geschichte? Wohl kaum, denn das Nordseewasser wäre ihm dann viel zu kalt.

Der Leierfisch ist gar kein Tropenfisch – auch wenn er so aussieht.

Er lebt in der Nordsee und im Wattenmeer auf Sandböden und frisst kleine Krebse und Weichtiere. Ebenso auffällig wie sein Outfit ist der „Hochzeitstanz", den die männlichen Leierfische vor ihren Weibchen veranstalten.

Wer hat die schwarzen Täschchen am Strand verloren?

Gar nicht so selten findest du am Strand merkwürdige schwarze Täschchen mit langen Zipfeln an allen vier Ecken. Man nennt sie auch Nixentäschchen, doch sie gehören keiner Wassernixe, sondern dem Sternrochen, der darin seine Eier aufbewahrt. Unter Wasser sind die Täschchen mit ihren Zipfeln an Algen oder Steinen befestigt.

Wenn die Rochenbabys geschlüpft sind, werden die leeren Hüllen häufig an den Strand gespült.

Rochen sind Fische mit sehr großen Brustflossen, die wie Flügel aussehen. Sie gehören genauso wie die Haie zu den Knorpelfischen. Beide zählen heute zu den am stärksten bedrohten Tiergruppen überhaupt. Der kleine Sternrochen ist noch vergleichsweise häufig.

Nixentäschchen

Seenadel

Strandfund: vertrocknete Seenadel

Seepferdchen

Kann man mit Seenadeln stricken?

Die Form passt: Seenadeln sind lang und dünn wie eine Stricknadel. Doch sie sind sehr biegsam und würden dir beim Stricken ständig durch die Finger schlüpfen – also lieber die Version aus Plastik oder Metall verwenden. Seenadeln leben in Tangwäldern und Seegraswiesen im Wattenmeer.

Ihr röhrenförmiges Maul saugt wie eine Pipette kleine Krebschen ein.

Bei ihnen trägt der Papa die Eier herum, bis der Nachwuchs schlüpft. Zu ihrer Verwandtschaft gehören auch die viel bestaunten Seepferdchen. Doch die sind im Wattenmeer selten.

Warum gibt es im Wattenmeer so viele Kinder?

Das Wattenmeer ist eine wichtige Kinderstube – für Menschenkinder ist es dort allerdings zu feucht. Für Fischkinder hingegen genau richtig.

Im warmen Wattwasser wachsen sie besonders schnell, finden viel Nahrung und sind außerdem vor größeren, im tiefen Wasser lauernden Räubern geschützt.

Auch Fische, die wir gerne essen, wachsen im Wattenmeer heran, beispielsweise Schollen, Seezungen, Heringe und Sprotten. Daher hat das vergleichsweise kleine Wattenmeer eine große Bedeutung für die Fische in der Nordsee.

Heringe ziehen in großen Schwärmen durch die Meere. Junge Heringe tummeln sich auch im Wattenmeer.

Vom Strand aus kannst du manchmal einen Schweinswal beobachten. Typisch ist seine dreieckige Rückenflosse.

Welcher Fisch ist gar kein Fisch?
Na klar, der Walfisch. Und den gibt es auch im Wattenmeer.

Schweinswale kommen dicht an die Küste, um ihre Jungen großzuziehen und ihre Verwandten, die Seehunde, sind sogar die „Wappentiere" des Wattenmeeres. Beide sind Säugetiere, deren Vorfahren an Land lebten, bevor sie wieder ins Wasser zurückkehrten. Doch warum haben Meeressäuger so verblüffende Ähnlichkeit mit Fischen?

Beide haben sich optimal an das Leben im Wasser angepasst. Wer schnell und energiesparend schwimmen will, entwickelt einen stromlinienförmigen Körper, der dem Wasser möglichst wenig Widerstand entgegensetzt. Das gilt für Fische genauso wie für Säugetiere. Ferner braucht man Flossen zum Steuern und Stabilisieren sowie einen Antrieb. Die Wale nutzen dazu ihre große Schwanzflosse, die Fluke. Diese setzt waagerecht am Körper an und schlägt auf und ab – anders bei den Fischen, deren Schwanzflosse senkrecht steht und seitwärts schlägt.

Um wieder wie Fische auszusehen, mussten die Wale allerlei Anhängsel loswerden: Ihre Vorderbeine sind zu Flossen umgestaltet, Hinterbeine, Ohren und Haare sind verkleinert.

Sie können lange tauchen, müssen aber zum Luftholen an die Wasseroberfläche kommen.

Auch die Seehunde haben sich auf ähnliche Weise an das Element Wasser angepasst. Allerdings nicht so vollständig wie die Wale. Sie bringen ihre Jungen an Land zur Welt und bewegen sich auch auf festem Boden. Auf ihren Flossen können sie ans Ufer robben – ein eher unbeholfenes Vorwärtsschieben. Im Wasser hingegen sind sie gewandte Schwimmer.

Seehunde kannst du im Wattenmeer am besten auf einer Schiffstour zu den Seehundbänken beobachten.

Warum ist das Lanzettfischchen kopflos und trotzdem mit dir verwandt?

Das Lanzettfischchen von Seite 30 ist ein seltsames Geschöpf. Zu den Fischen gehört es nicht. Es erinnert eher an die Vorfahren der Fische und es hat keinen Kopf. Farblos, nur wenige Zentimeter lang schlängelt es sich durch den Meeressand. Doch die unscheinbaren Lanzettfischchen sind wichtige Wegweiser zum Ursprung der Wirbeltiere – also auch zu den Anfängen von uns selbst. Sie ähneln den fischähnlichen Geschöpfen, die vor Millionen Jahren im Ozean schwammen und die gemeinsamen Vorfahren aller Wirbeltiere sind.

Von vorne nach hinten durchzieht ein langer, biegsamer Stützstab den Körper der Lanzettfischchen. Aus diesem Stützstab ist im Laufe der Entwicklungsgeschichte die Wirbelsäule hervorgegangen, die uns heute aufrecht hält.

Auch das Rückenmark – ein wichtiger Teil unseres Nervensystems – ist in einer einfachen Version bei unseren kopflosen Verwandten schon vorhanden.
Und noch ein weiteres Merkmal zeigt, dass wir entfernt mit fischähnlichen Wesen verwandt sind: Als kleiner Embryo, der in der Fruchtblase im Mutterleib schwimmt, tragen wir Kiemen. Die bilden sich aber bald wieder zurück. Eine Funktion haben sie nicht, denn der werdende Mensch wird über die Nabelschnur mit Sauerstoff und Nährstoffen von der Mutter versorgt.
Die Lanzettfischchen nutzen ihre Kiemen zum Atmen und zum Fressen. Sie strudeln Meerwasser durch ihren Mund ein und anschließend durch ihre Kiemenspalten hindurch. Dabei werden nahrhafte Schwebeteilchen aus dem Wasser gefiltert und in den Darm transportiert. Genau wie die Muscheln sind die Lanzettfischchen „lebende Wasserfilter". Das erklärt auch, warum sie auf einen Kopf verzichten. Um kleine Nahrungspartikel aus dem Wasser zu seihen, ohne dabei umherzuschwimmen, sind weder hoch entwickelte Sinnesorgane noch ein großes Gehirn erforderlich.

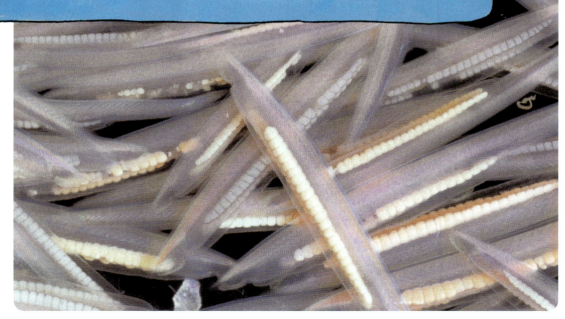

Lanzettfischchen sind klein und fast durchsichtig.

Und wozu ist dein Kopf gut?

Im ersten Teil des Buches hast du zusammen mit Kalle viele verschiedene Tiere mit Köpfchen und solche ohne kennengelernt. Was ein Kopf ist, hast du jetzt im Kopf (oder …?). In einem ganz schön klugen Kopf, denn unser Gehirn leistet viel mehr als das der Tiere.

Unser besonders entwickeltes Großhirn verleiht uns Menschen eine höhere Intelligenz, als Tiere sie besitzen.

Darum kannst du ein Buch über Köpfe und kopflose Gestalten lesen. Du kannst dich anschließend an den Inhalt erinnern und deinen Freunden davon erzählen. Du kannst dir auch selber eine Geschichte ausdenken. Über etwas, das du selbst erlebt hast oder über etwas ganz Verrücktes, das du dir in deiner Fantasie ausmalst. Du kannst die Geschichte aufschreiben oder planen, dass du sie morgen aufschreibst. All das sind phänomenale Leistungen deines Gehirns.

Doch zum Glück hat unser Kopf bei all dem Denken auch das Einfache und Überlebenswichtige nicht vergessen. Wenn du großen Hunger hast, sind deine Sinne und dein Verhalten ganz darauf ausgerichtet, etwas Essbares zu finden – ein Buch wirst du dann kaum zur Hand nehmen. Stattdessen gehst du vielleicht zum Kühlschrank und durchsuchst ihn. Oder du folgst deiner Nase zum Hähnchengrill um die Ecke. So wie die Wellhornschnecke mit hoch erhobener Schnüffelnase nach einem leckeren Happen am Meeresgrund fahndet.

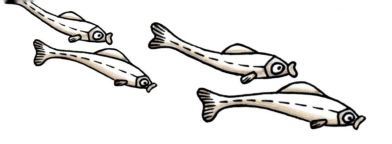

Idee + Texte	Ute Wilhelmsen
Illustrationen	Susanne Wild
Fotografien	Dirk Schories, Martin Stock
Layout	Michel Kreuz (Wachholtz Verlag)

Fotonachweis

Alvin/WHOI (Woods Hole Oceanographic Institution)
Seite 36 unten

Elia Benito Gutierrez
Seite 106

Reinhold Jagow
Seite 51 rechts, 84 oben, 91

Krause & Hübner
Seite 39 rechts

Martina Loebl
Seite 43 unten, 55 unten rechts

Frank Melzner (Alfred-Wegener-Institut für Polar- und Meeresforschung)
Seite 85

Dirk Schories
Seite 6, 7, 32, 33 unten, 35, 36 oben, 37 links, 38, 39 rechts, 40 links, 41, 42, 43 oben, 45 oben, 47, 48, 53 unten, 54 links, 56, 60 Mitte, 63 Mitte +unten, 64, 65 oben, 68 oben, 69 oben + unten, 70, 71, 76, 77 oben, 79 rechts, 80, 81, 88, 89 rechts, 90, 92, 94, 95, 96, 97, 98, 99 oben + unten, 101 oben links, 103, Rückumschlag

Martin Stock
Titelfoto, Seite 4-5, 37 rechts, 40 rechts, 45 unten, 46, 50 unten, 51 links, 52, 53 oben, 54 rechts, 57, 58 unten, 59, 60 rechts, 61 oben, 63 oben, 68 unten, 69 Mitte, 72, 73 oben, 78 oben, 79 links, 82, 83, 84 unten, 86, 89 links, 99 Mitte, 100 oben, 101 rechts, 104, 105

David Thieltges
Seite 33 oben, 78 Mitte + unten, 87

Sven Uthicke
Seite 44 oben

Ute Wilhelmsen
Seite 34, 44 unten, 50 oben, 55, 58 oben, 60 links, 61 unten, 62, 65 Mitte + unten, 66, 67, 73 unten, 74, 75, 77 unten, 93, 100 unten, 101 Mitte links